JN149007

Agribusiness in Practice
実践・アグリビジネス2

強靭で開放的なファミリービジネスの発展

【編集代表】
内山智裕・井形雅代

東京農業大学
国際食料情報学部
アグリビジネス学科

東京農大出版会

はしがき

［強靱で開放的なファミリービジネスの発展］

―『実践・アグリビジネス』第2号刊行に寄せて―

2002年の第1号出版以来、『バイオビジネス』シリーズの編纂を担当してきました東京農業大学国際食料情報学部国際バイオビジネス学科は、2023年4月、アグリビジネス学科と改称いたしました。「アグリビジネス」は農林水産業に関連する経済活動全体を表す概念であり、多様な分野にわたる当学科の教育・研究内容をわかりやすく示す名称と考えております。

学科名称の変更に伴い、『バイオビジネス』シリーズは、書名を『実践・アグリビジネス』と改めました。本号はその第2号となりますが、『バイオビジネス』第1号から通巻22号でもあります。本号では、2023年12月に開催されました「東京農大経営者フォーラム2023」におきまして、「東京農大経営者大賞」を受賞された3名の受賞者の経営実践内容を取り上げました。

東京農大経営者フォーラムでは、東京農業大学（旧短期大学部を含む）の卒業生の中から、農林水産業をはじめ、造園業、醸造業、食品加工業、流通業、環境産業などの「農」を取り巻く諸産業において、第一線で活躍され優れた業績をあげられた経営者に、「東京農大経営者大賞」「東京農大経営者賞」「東京農大経営特別賞」を授与しております。授賞の審査にあたっては、毎回10名前後からなる学内外の審査員が、①企業家精神、②経営の安定性、③先進性、④社会性、⑤将来性・発展性の5つの評価項目を中心に、厳正な書類審査および現地調査を実施し、受賞者を決定しております。

本号の各章において紹介する経営者および経営の特徴は次のとおりです。

第1章で取り上げた勝沼醸造株式会社・代表取締役の有賀雄二氏は、山梨県甲州市において、甲州ワインを中心とする高品質ワインとブドウ果汁の製造、販売、直営レストラン経営に取り組まれています。家族経営の3代目として、他のワイナリーに先立って地元産甲州ブドウ（品種名：甲州）のポテンシャルに着目し、「たとえひと樽でも最高のものを」「日本の風土における最大の可能性追求」という思いを胸に、海外展開を見据えた甲州ワインブランドの確立、技術革新、価値の創造に挑戦されてきました。

第2章で取り上げた前田農産食品株式会社・代表取締役の前田茂雄氏は、北海道中川郡本別町において、ポップコーンと小麦・ビートの生産・加工・販売を行っておられます。東京農業大学卒業後、米国留学を経て家族経営の4代目として就農し、ポップコーンの栽培や日本初の電子レンジ式ポップコーンの加工・販売、様々なICTツールを利活用したデータや情報管理による継続的な改善の実施などに取り組んでおられます。また、

Global GAP 認証や北海道 HACCP 認証も取得されています。

第３章で取り上げた有限会社宮川洋蘭・代表取締役の宮川将人氏は、熊本県宇城市において、洋蘭の生産に加え、新たな販売ルートの開拓、商品開発やいちご狩り事業といった六次産業化を行なっておられます。東京農業大学卒業後、米国などでの研修を経て家族経営の３代目として就農、試行錯誤の末にネット販売を軌道に乗せ、ボトルフラワーの開発やいちご狩りなど経営の多角化に取り組んでこられました。また、環境に配慮した花生産者認証制度（MPS）にも参加されています。

このように、いずれの経営者の皆様も、ファミリービジネスを継承しつつ、ともすれば硬直的になりがちな事業内容を不断に見直し、多角化などの新たな事業展開を図ってこられました。そして、それぞれの業界において注目すべき経営成果を上げられるとともに、業界のみならず、地域の発展にも貢献されています。

本書では、これら各氏の業績に焦点を当て、経営の展開過程、現在の経営状況と今後の経営課題など、経営実践全般について整理・分析しています。また、各章末には「東京農大経営者フォーラム」での講演要旨を掲載し、読者がアグリビジネス実践者の思いをより深く理解できるように工夫しています。これは、これまでの『バイオビジネス』シリーズと同様、アグリビジネス学科必修科目「バイオビジネス経営実践論（アグリビジネス実践論）」、「バイオビジネス経営学演習（農業経営学演習）」等の授業において、副読本とし積極的に利用するためでもあります。今後も、『実践・アグリビジネス』シリーズでは、東京農大経営者大賞受賞者の方々の経営実践内容を紹介してまいります。読者の皆様には、新シリーズの『実践・アグリビジネス』もテキストあるいは学びの素材としてご愛読・ご活用していただきますようお願い申し上げます。

最後になりましたが、本書のケース紹介のために、ご多忙中にもかかわらず貴重なデータや情報を快くご提供してくださった有賀雄二氏、前田茂雄氏、宮川将人氏には、改めて心より感謝申し上げます。

2024 年 11 月 1 日

編集代表　内山智裕・井形雅代

2023年度東京農大経営者フォーラム

学校法人東京農業大学理事長・東京農業大学学長　江口文陽氏挨拶

講演をする勝沼醸造株式会社
有賀雄二氏

講演をする前田農産食品株式会社
前田茂雄氏

講演をする有限会社宮川洋蘭
宮川将人氏

目　次

実践・アグリビジネス2
強靭で開放的なファミリービジネスの発展

目 次

[第2章]

絶えない改善活動とそれを支える情報管理の活動

―前田農産食品株式会社　前田茂雄氏―

目次

[第3章]

両利き経営によるイノベーションの実現
－「探索」を実践する宮川洋蘭・宮川将人氏の取組み－

第1章

伝統と革新の融合、地域との共生、価値の創造で家族経営ワイナリーの成長を牽引

－勝沼醸造株式会社 有賀雄二氏による「世界に通ずる甲州ワイン」造りの挑戦－

山田崇裕・木原高治・下ロニナ・寺野梨香・井形雅代

勝沼醸造株式会社

https://www.katsunuma-winery.com

1．はじめに

山梨県甲州市は日本の国産ワイン発祥の地で、1877（明治10）年にワイン事業が始まった。それから140年あまりが経過した現在でも、この地では30件以上のワイナリーがブドウ栽培、ワインの醸造技術、経営の面で絶え間ない努力を続けている。また、甲州市では全国生産量の約25%に相当するワインを生産しているといわれる。一方、嗜好性が強く、多様性に富むワインは国際商品に位置付けられ、市場競争が激しいことで知られている。後述するように、国内のワイン需要と果実酒市場は1970年代以降で発生した数回のワインブームを経ながら拡大してきたが、そのほとんどが輸入ワインと大手企業の寡占によって賄われ、その状況下で低価格ワインも次々と出現している。近年では日本ワインに対する認知や関心の高まりからワイン需要が再び高まると同時に、小規模ワイナリーの新規参入も顕著に増えており、全国の中・小規模ワイナリーには経営存続、経営成長の方策が求められている。

山梨県甲州市勝沼町に所在する勝沼醸造株式会社（以下、本文では勝沼醸造と略記）は、こうした競争市場において、甲州ワインを中心とする高品質ワインとブドウ果汁の製造、販売、直営レストラン経営を行っている家族経営ワイナリーである。代表取締役社長の有賀雄二氏（以下、本文では有賀氏と略記）は、他のワイナリーに先立って地元産甲州ブドウ（品種名：甲州）のポテンシャルに着目し、「たとえひと樽でも最高のものを」「日本の風土における最大の可能性追求」という思いを胸に、従業員とともに海外展開を見据えた甲州ワインブランドの確立、技術革新、価値の創造に挑戦してきた。そこには、ワイン造りやそのブランディングを支える地域の歴史、風土、高品質の原料を供給してくれるブドウ農家、全国の特約店といった、多様なつながりを大切にする有賀氏と勝沼醸造の姿がある。

本章では、直近の日本におけるワインの市場動向を整理したうえで、勝沼醸造の経営成長のあゆみについて、ブランディング、組織づくり、独自の醸造法、地域のブドウ農家との関係性に焦点をあてて詳説する。

2．ワインの商品特性と市場動向

1）ワインの歴史と商品特性

酒類の中でワインの歴史はビールと共に古く、その起源は7,000～8,000年前まで遡る。その後、4,000年ほど前にビールと共にメソポタミアからエジプトへと広がり、やがて古代ギリシアから古代ローマへと伝播した。そして、古代ローマ帝国の版図の拡大とともにヨーロッパ全域に広がり、その過程でカトリックの聖餐や聖体拝領の儀式を通してワインは神聖化され、修道院を中心にブドウの栽培やワインの醸造技術が発展した。やがて15世紀の大航海時代にカトリックの布教と共に聖職者らによって全世界に広められた。

カトリックとともに西欧世界から持ち込まれたワインは、ブドウ栽培とワイン醸造を各地域に根付かせながら北米、中南米、オセアニア地域へと広がっていったが、それを支えたのは少雨にも耐え、石灰岩質のような土地で栽培でき、更に極地や赤道直下の熱帯地域を除く広い地域で結実可能であるというブドウの特性にあった。特にワインに適したブドウを栽培できる地帯をワインベルトと呼ぶが、その範囲は北緯30度から50度、南緯30度から50度と広く、日本列島もすっぽりとその範囲に入る。

広範囲で栽培可能なブドウを原料に醸造されるワインは多様な個性を持っている。例えば、ドイツやカナダにはブドウ果実を氷結させるアイスワインがあり、最近ではワインベルトから離れたタイでもブドウが栽培され、**旧世界ワイン**[1)]や**新世界ワイン**[2)]とは異なる新緯度帯ワイン（New Latitude Wine）と呼ばれる個性的なワインが醸造されている。

このように長い歴史と多様性を持つワインであるが、その醸造原理は、ブドウに含まれる糖分を酵母で発酵させる単発酵と呼ばれるシンプルなものである。この方法で醸造されたワインは非発泡性ワイン（Still Wine）と呼ばれ、色調により白ワイン、赤ワイン、ロゼ（ピンクワイン）などに分類される。これに炭酸ガスを含ませたワインを発泡性ワイン（Sparkling Wine）と呼び、フランスのシャンパンが有名である。また、発酵中のブドウ果汁にブランデーなどを加えて醸造する酒精強化ワイン（Fortified Wine）もあり、ポルトガルのポートワインやマデイラ酒、スペインのシェリー酒が有名である。そのほか、非発泡性ワインをベースに薬草や香料などを加えて醸造する混成ワイン（Flavored/Aromatic Wine）があり、ベルモットがその代表である。また、樽や瓶で貯蔵・熟成して味わうワインがある一方で、ボジョレー・ヌーヴォーのように新酒を味わうワインもあり、ワインは極めて多様で趣のある酒類である。

ところで、ワインは世界的に認められた酒類であるにも関わらず、我が国の**酒税法**[3)]にはワインの定義はなく、代わりに同法第３条第４号で果実酒として定義されている。もっとも、2015（平成27）年10月30日国税庁告示第18号に基づく「果実酒等の製法品質表示基準」では、「日本ワイン」の定義付けがなされており、その要点は、酒税法第３条第13号に掲げる果実酒のうち、①原料として水を使用していないもので、②原料の果実として国内で収穫されたブドウのみを使用している条件を満たすものとされている。

２）果実酒の市場動向

果実酒市場は、高度経済成長期の所得上昇を背景とした食の洋風化、東京オリンピック・大阪万博などを契機として、1970年代以降数回にわたるブームを経ながら需要を拡大してきた。その間の課税移出数量は、1970年6,000kℓ、75年31,000kℓ、80年47,000kℓ、85年69,000kℓ、90年133,000kℓ、95年158,000kℓと伸長し、赤ワインブームによって97年268,000kℓ、98年370,000kℓと急伸した。99年は278,000kℓに収縮したものの、その後10年間は250,000kℓ前後で推移し2010年代に300,000kℓを超え、13年から350,000kℓを超えた。但し、ワインブームによる需要増の大部分を賄ったのは輸入品であり、国産品の比率は85年68.1％、90年51.1％、95年47.5％、97年44.4％、98年39.5％と減少している。このように、ワインブームは需要拡大に貢献はしたが、必ずしも国内果実酒産業は需要増に見合う成長を遂げているとは言えない。

次に、直近10年間の国産・輸入別の果実酒課税移出数量の推移**（表１－１）**をみると、国産果実酒、

---

1)：フランス、イタリア、ドイツ、スペイン、ポルトガル、オーストリアなどで、各々のテロワールの特性を活かした伝統的な葡萄栽培やワイン醸造法により生産されたワイン。

2)：ワイン界で第二次世界大戦後に台頭してきた、米国、オーストラリア、ニュージーランド、チリ、アルゼンチン、南アフリカなどで、旧世界で培われてきた伝統にとらわれない新たな科学的知見に基づく葡萄栽培やワイン醸造により生産されたワイン。

3)：酒税の課税要件等を定めた法律で、1953年に制定。酒類の定義や営業免許、酒類産業振興を、酒税法を準拠に国税庁が担っている点に特色がある。

輸入果実酒ともに微増・微減を繰り返しながら、国内果実酒は漸増傾向を示し、輸入果実酒はコロナ禍の影響もあってか漸減傾向を示している。そのため、10年前は構成比30%割れであった国産果実酒が2016年以降30%を超えている。日本ワインへの注目も高まっており、国産果実酒の定着が徐々に進んでいるように見える。また、果実酒販売（消費）数量についても、微増・微減を繰り返しながら漸増傾向を示し、22年にはコロナ禍前の水準に戻っている。

さらに、日刊経済通信社の調査による直近3年間の価格帯別構成比**（表1－2）**をみると、低価格指向が顕著となっている。新型コロナ禍による「家呑み」の定着化に伴う低価格志向と推測することもできるが、実質賃金の伸びの停滞といったマクロ要因が果実酒のような嗜好品の消費に影響を与えているということも推測できる**（表1－3）**。例えば、サントリーの主力商品「酸化防止剤無添加のおいしいワイン」は、amazonで1.8ℓ紙パック1,016円、PET容器720mℓ 627円で販売されており、スーパーの通販サイトなどでも500円以下の輸入ワインが販売されている。その一方で、ビンテージワインの価格には天井がないのも事実であり、価格面でも多様性を有しているのがワインの特性である。

さて、国内の果実酒市場は、赤玉ポートワインの成功で事業の礎を築いたサントリー、味の素系列からキリンHDの事業会社となったメルシャン、サッポロビール、アサヒビール、キッコーマン系列のマンズワインなど、総合酒類・総合食品企業として事業展開をしている大手企業が参入している。その中で先発企業のサントリーは、ウイスキーやブランデー同様に圧倒的な市場シェアを有しており、上位企業による寡占化が進んでいる**（表1－4）**。特に大手企業の多くは事業多角化、海外展開（酒類輸入事業を含む）、装置産業化など、範囲の経済と規模の経済を巧みに活用し市場支配力を高めている。例えば、2015年にアサヒビールはワインの輸入・販売の専門商社であるエノテカ株式会社を買収し完全子会社化したが、流通支配を可能にする資本力・組織力を有する大手企業と地方のワイナリーでは市場行動に違いがみられる。すなわち、広告宣伝による製品差別化や輸入品も含めて低価格商品を投入することで価格差別化を図ることができる大手企業に対して、製造品出荷額や付加価値額で圧倒的な差をつけられている中小規模のワイナリーでは、戦略商品となる日本ワインを中心とした

表1－1　果実酒課税移出 販売消費数量の推移

年	果実酒課税移出数量											果実酒販売（消費）数量		
	国産			輸入			合計			構成比				
	数量（kℓ）	前年比（%）	指数（%）	数量（kℓ）	前年比（%）	指数（%）	数量（kℓ）	前年比（%）	指数（%）	国産（%）	輸入（%）	数量（kℓ）	前年比（%）	指数（%）
2013	104,448	105.2	100.0	249,879	102.4	100.0	354,327	103.2	100.0	29.5	70.5	332,398	103.6	100.0
2014	112,261	107.5	107.5	259,031	103.7	103.7	371,292	104.8	104.8	30.2	69.8	350,670	105.5	105.5
2015	112,847	100.5	108.0	266,354	102.8	106.6	379,201	102.1	107.0	29.8	70.2	370,337	105.6	111.4
2016	112,112	99.3	107.3	252,532	94.8	101.1	364,644	96.2	102.9	30.7	69.3	352,492	95.2	106.0
2017	117,954	105.2	112.9	258,632	102.4	103.5	376,586	103.3	106.3	31.3	68.7	363,936	103.2	109.5
2018	122,009	103.4	116.8	239,379	92.6	95.8	361,388	96.0	102.0	33.8	66.2	352,046	96.7	105.9
2019	119,597	98.0	114.5	257,833	107.7	103.2	377,430	104.4	106.5	31.7	68.3	352,291	100.1	106.0
2020	126,064	105.4	120.7	226,131	87.7	90.5	352,195	93.3	99.4	35.8	64.2	347,710	98.7	104.6
2021	120,102	95.3	115.0	221,789	98.1	88.8	341,891	97.1	96.5	35.1	64.9	354,992	102.1	106.8
2022	110,925	92.4	106.2	241,439	108.9	96.6	352,364	103.1	99.4	31.5	68.5	352,491	99.3	106.0

出所：果実酒課税移出数量は、日刊経済通信社『酒類食品統計月報』2023年7月号42頁の表①をもとに一部加筆して筆者作成。
原資料は国税庁調べ。果実酒販売（消費）数量は、『国税庁統計年報書』より作成
注：指数の基準値は2013年度である

高品質化に向けた技術力の確保が極めて重要である（**表１－５、表１－６**）。

加えて、顧客＝ファンづくりのための情報技術を駆使したネットワークづくりや地域社会を巻き込んだ**ワインツーリズム**[4)]など、人＝people に視点を置いたビジネス思考が重要になると思われる。

表１－２　果実酒の価格帯別構成比の推移

価格帯	2020 年		2021 年		2022 年	
	構成比 (%)	数量（万箱）	構成比 (%)	数量（万箱）	構成比 (%)	数量（万箱）
1,000 円以上	27.4	235	26.8	224	26.0	235
500 円以上～ 1,000 円未満	44.9	385	38.4	321	29.1	263
500 円未満	27.6	237	34.9	291	44.9	406
合計	－	857	－	836	－	904

出所：日刊経済通信社『酒類食品統計月報』2022 年 7 月号 42 頁表②及び 2023 年 7 月号 42 頁表②を一部修正

注 1：構成比は端数処理をしているため、必ずしも合計値は 100%にならない

注 2：1 箱は 750mℓ× 12 本（9 ℓ）である

表１－３　名目賃金指数と実質賃金指数の推移

（単位　2020 年 =100.0）

年	名目賃金指数	実質賃金指数
2020	100.0	100.0
2021	100.3	100.6
2022	102.3	99.6

出所：厚生労働省より引用

表１－４　果実酒の価格帯別構成比の推移

会社名	2021 年			2022 年		
	数量（kℓ）	前年比 (%)	シェア (%)	数量（kℓ）	前年比 (%)	シェア (%)
サントリー	40,486	102	32.4	48,749	120	42.2
メルシャン	28,638	93	22.9	26,756	93	23.2
サッポロビール	5,882	92	4.7	5,885	100	5.1

出所：日刊経済通信社『酒類食品統計月報』2022 年 7 月号 43 頁表③及び 2023 年 7 月号表③をもとに一部加筆して筆者作成

注 1：甘味果実酒を含む

2：2021 年のサントリーは岩の原葡萄園の分を含む

3：シェアの分母は、2021 年は果実酒 120,102kℓと甘味果実酒 4,886kℓを合わせた 124,988kℓ、2022 年は果実酒 110,925kℓと甘味果実酒 4,478kℓを合わせた 115,403kℓ

表１－５　果実酒製造業の資本金規模別の状況（2022 年）

資本金規模	事業所数	従業者数（人）	事業に従事する者の人件費及び派遣受入者に係る人材派遣会社への支払額（百万円）			原材料・燃料・電力の使用額等（百万円）			製造品出荷額等（百万円）			粗付加価値額（百万円）		
			総額	1 事業所当たり	従業者 1 人当たり	総額	1 事業所当たり	従業者 1 人当たり	総額	1 事業所当たり	従業者 1 人当たり	総額	1 事業所当たり	従業者 1 人当たり
合計	169	2,632	9,950	58.9	3.8	48,927	289.5	18.6	77,990	461.5	29.6	12,251	72.5	4.7
会社計	163	2,608	9,867	60.5	3.8	48,768	299.2	18.7	77,616	476.2	29.8	12,288	75.4	4.7
1,000 万円未満	27	139	357	13.2	2.6	431	16.0	3.1	1,421	52.6	10.2	802	29.7	5.8
1,000 万円以上 2,000 万円未満	66	810	2,468	37.4	3.0	4,055	61.4	5.0	10,416	157.8	12.9	4,816	73.0	5.9
3,000 万円以上 5,000 万円未満	20	375	×	×	×	×	×	×	×	×	×	×	×	×
5,000 万円以上 3 億円未満	38	755	2,697	71.0	3.6	5,539	145.8	7.3	14,918	392.6	19.8	6,735	177.2	8.9
3 億円以上	12	529	×	×	×	×	×	×	×	×	×	×	×	×
その他	6	24	83	13.8	3.5	159	26.5	6.6	374	62.3	15.6	-37	-6.2	-1.5

出所：経済産業省『2022 年経済構造実態調査　製造業事業所調査（産業別統計表データ）』（令和 5（2023）年 7 月 31 日掲載）の「3．資本金規模別統計表（産業細分類別）」をもとに筆者作成

注：表中の×は秘匿値

4)：ワイナリーを訪れることを主目的とし、ブドウ畑の見学や当該地域の自然や歴史、文化、生活などに触れる旅行を指す。地域振興やワインの普及にも役立つ。

表１－６　果実酒製造業の従業者規模別の状況（2022 年）

従業者規模	事業所数	従業者数(人)	事業に従事する者の人件費及び派遣受入者に係る人材派遣会社への支払額（百万円）			原材料・燃料・電力の使用額等（百万円）			製造品出荷額等（百万円）			生産額(従業者30人以上)（百万円）			付加価値額（従業者29人以下は粗付加価値額）（百万円）		
			総額	1事業所当たり	従業者1人当たり	総額	1事業所当たり	従業者1人当たり	総額	1事業所当たり	従業者1人当たり	総額	1事業所当たり	従業者1人当たり	総額	1事業所当たり	従業者1人当たり
合計	169	2,632	9,950	58.9	3.8	48,927	289.5	18.6	77,990	461.5	29.6	60,288	356.7	22.9	13,354	79.0	5.1
1人～9人	95	427	1,111	11.7	2.6	2,117	22.3	5.0	4,992	52.5	11.7	***	***	***	1,991	21.0	4.7
10人～19人	41	577	1,592	38.8	2.8	4,039	98.5	7.0	8,170	199.3	14.2	***	***	***	2,979	72.7	5.2
20人～29人	14	354	1,399	99.9	4.0	2,098	149.9	5.9	6,144	438.9	17.4	***	***	***	3,213	229.5	9.1
30人～99人	16	837	3,487	217.9	4.2	7,887	492.9	9.4	19,405	1212.8	23.2	18,278	1142.4	21.8	7,573	473.3	9.0
100人～299人	3	437	2,361	787.0	5.4	32,785	10928.3	75.0	39,279	13093.0	89.9	42,011	14003.7	96.1	-2,403	-801.0	-5.5
300人～	0	0	0	0	0	0	0	0	0	0	0	0	0	0	0	0	0

出所：経済産業省『2022 年経済構造実態調査　製造業事業所調査（産業別統計表データ）』（令和５（2023）年７月 31 日掲載）「２．従業者規模別統計表」をもとに筆者作成

３．山梨県甲州市の概要と甲州ワインの生産状況

１）甲州市の地域特性

甲州市は山梨県甲府盆地の北東に位置し、中央本線や中央高速道で東京都心から１時間半で結ばれている（**図１－１**）。甲州市の面積は 264.11 km^2 で、このうち森林が 59％、畑が 9%、住宅が 2% であり、人口は 2020 年で 29,237 人となっており、1995 年の 38,046 人をピークに減少している。

山梨県では明治時代前半の**勧業政策**[5)]により製糸業や葡萄酒醸造業が育成され、1877（明治 10）年には旧勝沼町で日本初のワインメーカーである**大日本山梨葡萄酒会社**[6)]が設立された。甲州市はブドウに代表される付加価値の高い果樹生産とワイン生産が盛んであり、第１次産業に就業人口の 23.4％が就業している。

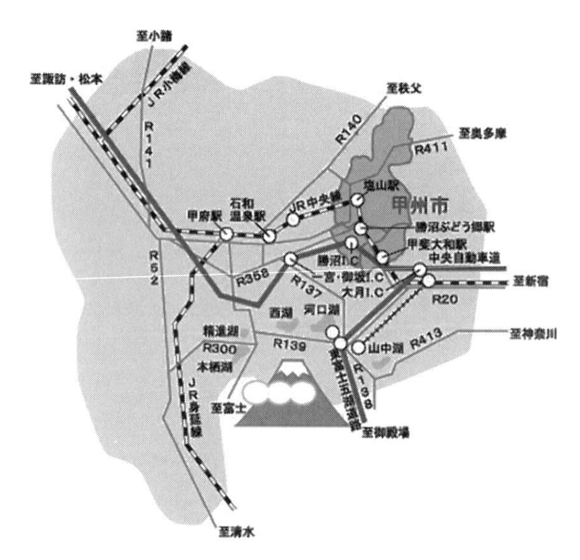

図１－１　甲州市の位置と交通アクセス

出所：山梨県甲州市ウエブページより引用

甲府盆地の北東に位置する甲州市は標高 300 ～ 600m に位置し、日照時間が長く日較差も大きい。また、降水量は年間を通じて少なく水はけが良い土地である。特に過剰な降水を嫌うブドウ栽培に適

5)：農業・工業などの産業を奨励する政策のことで、明治時代の初期には様々な産業の現代化を進めるために政府や自治体等が産業振興政策を実施した。

6)：1877 年に日本最古のワイナリーとして山梨県勝沼町に設立された。土屋龍憲と高野正誠が渡仏して醸造技術を習得し、帰国後、日本のワイン産業の幕開けとなった。

しており、経営耕地面積のほとんどが収益性の高い果樹園で、専業農家比率は 2020 年で 34.4%、旧勝沼町では 45.2%と、全国平均の 22.3%より高く、農業の盛んな地域である。

２）甲州ワインの歴史

（１）甲州ブドウ

ブドウには 1,000 種以上の品種があり、ヨーロッパ系ブドウ（ヴィティス・ヴィニフェラ Vitis vinifera）とアメリカ系ブドウ（ヴィティス・ラブラスカ Vitis labrusca）の大きく２つに分類されている。日本固有のブドウ品種の中に甲州という山梨の旧地名のついた品種（以降、本文では甲州ブドウと略記）があるが、近年の研究により DNA 鑑定で 71%がヨーロッパ系の遺伝情報を持つことが証明されている。世界のワイン造りでは、一般的にはヨーロッパ系ブドウでなければ良いワインができないといわれており、日本固有の在来品種で唯一のヨーロッパ系ブドウとされる甲州ブドウによるワイン造りには大きな意味がある。

（２）甲州ブドウの歴史

山梨のブドウは 1300 年以上の歴史があると言われており、中央アジアのコーカサス地方からシルクロードを経て、仏教とともに伝来したと考えられている。甲州市（旧勝沼町）にある大善寺の開創は 718 年で、薬師如来像がその手にブドウを持っている。この頃、ブドウは薬として利用されていたという説がある **（写真１－１）**。

長らく日本では生食用ブドウの栽培が盛んだったが、ワイン醸造は 150 年程前に勝沼から２人の青年がフランスに渡りワイン造りを学んだことで本格化した。甲州ブドウは高温多湿の日本の風土で 1000 年以上栽培の歴史があり、日本固有の甲州ブドウで世界に通じるワインを造ることは、山梨のワイン醸造家の夢である。

写真１－１　国宝の大善寺本堂【通称：ぶどう寺】（左）と薬師如来像（右）

出所：左の写真は筆者撮影、右の写真は勝沼醸造提供資料より引用

（３）甲州ブドウの受入数量・生産状況

ワイナリーによる甲州ブドウの受入数量は、メルシャンやマンズワイン等の大手ワイナリーが甲州ブドウを使っていた頃の 1999 年には約 8,000 トンであったが、海外の低価格ワインの流入で近年では約 4,000 トンにまで半減した。しかし、地域に根差したローカル（地場型）ワイナリーが増加し、2011 年から少しずつ回復している。また、国税庁によると、山梨県は国産甲州ブドウ受入数量年間シェアの約 95%を占め、2022 年度全種受入数量は 6,534 トンで、うち甲州ブドウは 54%を占める **（表１－７）**。勝沼醸造が生産しているワインの約 75%が甲州ブドウであり、山梨県内で生産される甲州ワインの約 10%を占めている。

表１－７　山梨県における国産ブドウ品種別受入数量（2022 年）

赤ワイン品種（2,005 トン）		白ワイン品種（4,105 トン）		その他（420 トン）
品種	割合（%）	品種	割合（%）	割合（%）
マスカット・ベーリー A	26.6	甲州	54.7	6.4
メルロー	1.8	デラウェア	6.2	
巨峰	1.5	シャルドネ	1.4	
カベルネ・ソーヴィニヨン	1.4	ナイアガラ	0.3	
アジロンダック	1.4	シャインマスカット	0.2	
計	30.7		62.9	6.4

出所：国税庁「酒類製造業及び酒類卸売業の概況（令和４年アンケート）より引用
注：山梨県の全品種総受入数量は 6,534t である

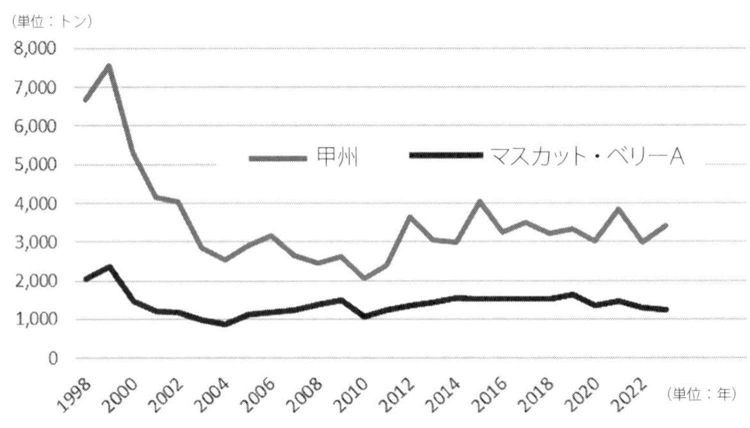

図１－２　品種別県産ブドウ使用量の推移（1998 年～ 2022 年）

出所：山梨県ワイン酒造組合より引用

（4）甲州ワインの復興に関する取組み

日本固有の甲州ブドウを用いた甲州ワインの復興に向け、「甲州ワインを世界で認められるワインへ」をコンセプトに 2009 年７月に「Koshu of Japan（KOJ）」が設立された**（写真１－２）**。KOJ は、山梨県のワイン生産者 15 社と甲州市商工会、甲府商工会議所、山梨県ワイン酒造協同組合等で構成され、世界各国でのプロモーション活動を通じて、甲州ワインの品質向上と世界市場における認知度拡大に取り組んでいる。

写真１－２　KOSHU OF JAPAN

出所：KOSHU OF JAPAN ウエブページより引用

甲州ブドウは、ワイン醸造用のブドウ品種として 2010 年に国際ブドウ・ワイン機構（OIV）に登録され、その後 EU 諸国へ輸出する際、品種名をラベルに記載することが可能になった。また甲州ワインは、その土地ならではの味わいとして日本ワインで初めて「**テロワール**[7]」を表現した。

7)：フランス語の「terroir」であり、ワイン用ブドウ産地の生産環境に関するあらゆる特性を指す。気候、地形、土壌に限らず生産者など人的要因を含めることがある。

4. 勝沼醸造株式会社の経営展開、有賀雄二氏の企業者史、組織の特徴

1) 勝沼醸造の経営展開と有賀氏の企業者史

本節では、**表1－8**に沿って勝沼醸造の経営展開と有賀氏の企業者史について整理するとともに、勝沼醸造における組織および事業の特徴を示すこととする。

勝沼醸造は、1937 年に初代の有賀義隣氏が製糸業を営む傍らでワインの自家醸造を許可を得て始めたことに端を発する。当時、ワインは葡萄酒と呼ばれ市場も形成されていなかったことから、地域では家庭等での生活酒として用いられていた。しかし、地元の製糸業が徐々に衰退したことから、

表1－8 勝沼醸造株式会社の経営展開、有賀雄二氏の企業者史、受賞歴

年次	勝沼醸造株式会社の経営展開、有賀雄二氏の企業者史、受賞歴
1937 年	有賀義隣氏（初代）がワインの個人醸造を開始。製造規模は、個人醸造規模
1941 年	金山葡萄酒協同醸造組合を設立。近隣農家 29 名が参画
1949 年	金山葡萄酒株式会社を設立
1950 年	有賀清弘氏（２代目）金山葡萄酒株式会社代表取締役に就任
1954 年	金山葡萄酒株式会社を勝沼醸造株式会社に改名
1955 年 5 月	有賀雄二氏 誕生
1978 年 3 月	有賀雄二氏 東京農業大学農学部醸造学科を卒業
1978 年 4 月	有賀雄二氏 勝沼醸造株式会社に入社
1988 年 4 月	有賀雄二氏 勝沼醸造株式会社専務取締役に就任
1991 年	直営レストラン“風”を開設
1999 年 4 月	有賀雄二氏（３代目） 勝沼醸造株式会社代表取締役に就任
2000 年	有賀雄二氏 山梨県ワイン酒造組合理事に就任
2003 年 3 月	第 9 回ヴィナリーインターナショナル銀賞を受賞（勝沼ワイン甲州特醸樽発酵 1999）
2004 年	甲州ブランド「アルガブランカ」を発表。特約店流通を開始
2005 年	元アサヒビールワイナリーの生産設備を取得。全生産の自社醸造を実現
2006 年	有賀雄二氏 山梨県ワイン酒造組合副会長に就任
2007 年	JAL ファーストクラス用ワインに「アルガブランカ」ピッパが採用
2008 年	フランスシャトー･パップ･クレマンとの提携による新ブランド「MAGREZ-ARUGA KOSHU」を発表。イギリス、フランス、アメリカ、スイス等での販売を開始
2010 年 7 月	日本ワインコンクール銀賞を受賞（甲州・辛口「藤井 甲州 2009」）
2019 年 6 月	第 2 回日本ワイナリーアワード 2019、五つ星を獲得
2020 年 6 月	第 3 回日本ワイナリーアワード 2020、五つ星を獲得
2021 年 6 月	第 4 回日本ワイナリーアワード 2021、五つ星を獲得
2022 年 6 月	第 5 回日本ワイナリーアワード 2022、五つ星を獲得
2023 年 6 月	第 6 回日本ワイナリーアワード 2023、五つ星を獲得
2023 年 6 月	有賀雄二氏 山梨県ワイン酒造組合会長に就任
2023 年 7 月	日本ワインコンクール金賞を受賞（甲州「大久保 J S2022」）

出所：勝沼醸造株式会社提供資料に基づき筆者作成

1941年には近隣の農家29名が加わって金山葡萄酒協同醸造組合を設立し、組合形式で手土産用ワインの生産量を徐々に増やしていった（**写真１－３左**）。戦後の1949年には同組合を法人化し、翌1950年には２代目の有賀清弘氏が代表取締役に就任した。戦後の復興期を迎えた日本では清涼飲料の需要が急激に高まったことから、清弘氏はサイダーに注目して清涼飲料の製造、販売事業も開始した。サイダーは「丸菱サイダー」と呼ばれ地元住民から愛されたという。1954年には町村合併が行われ、勝沼町の誕生に伴い社名を勝沼醸造株式会社に変更した。こうした出来事を幼い頃から見ていた有賀氏は高校の恩師から助言を受けて、醸造技術を学ぶことができる東京農業大学農学部醸造学科に入学した。

在学中の1970年代は、日本のアルコール業界におけるワイン市場のシェアが1％未満だった。そのなかで、勝沼醸造は全国で６番目のワイン出荷量を誇っていたという。高級嗜好品だったワインは依然として酒類における市場シェアが低く一般消費者にはほとんど売れなかったため、勝沼醸造は大企業の労働組合等から注文をとって販売を手掛けていた。有賀氏も学生時代は授業の合間を縫って工業地帯へ配達に行っていたという。毎週金曜または土曜に山梨に戻り、日曜にはトラックにワインを積んで東京に戻る生活を続けた。この頃の勝沼醸造内の工場面積は275坪と狭く、国内外から原料のブドウを買い付け、他社のワイナリーに醸造、瓶詰を委託していた。このため、有賀氏は当時の勝沼醸造が製造業というよりも販売業に位置づけられたと述懐している。

有賀氏はワイン販売で培った経験から、販売品の原価計算を担当し、やがて経営面での計数感覚も養うことができた。一方で、勝沼醸造が注力していた清涼飲料事業は既に装置産業として資本力が求められ、大手企業との競争が必至となっていた。このため、有賀氏は清涼飲料の製造から撤退し、主事業をワインとブドウ果汁の製造・販売に限定するよう清弘氏に進言した。1978年に農大を卒業した有賀氏は、同年４月に勝沼醸造へ入社する。学生時代は清弘氏と二人三脚で事業を行っていたが、卒業後は農大や山梨大学の卒業生を次々と社員として迎え入れ、彼らと試行錯誤を繰り返しながら技術の研鑽を積んでいった。当時は様々な品種のブドウでワインの試作をしたり、輸入した原料で造るバルクワインも扱っていた。このプロセスで、有賀氏は会社創業以来のテーマ「たとえ一樽でも最高のものを」を追求すべく、世界に通じる高品質のワイン造りに歩を進める決心をした。

1988年に若くして専務取締役に就任した有賀氏は、次々と新しい事業に着手する。まず、1990年には自社で白ワイン専用品種のシャルドネ、赤ワイン専用品種のカベルネ・ソーヴィニヨンをそれぞれ300本ずつ栽培した。当時は自社所有の農地がなかったため、地域の農家から宅地並み価格の地代で農地を積極的に借り受け、社員と一緒になって栽培に取り組んだ。その際は、生育期に降雨量の多い山梨の気候に対応するためブドウ１房１房に手作業で傘もかける（**写真１－５左**）など、手間を惜しまなかった。この一方で、日本の風土にあう甲州ブドウでワイン造りができないか模索する日々が続いた。今でこそ「テロワール」という用語が広く知られているが、有賀氏はこの時から甲州ブドウや勝沼の風土が有するポテンシャルに注目していたのである。ところが、地域のワイナリー仲間から聞こえた意見は否定的なものばかりであった。甲州ブドウは一般的に糖度が低く、砂糖を加えない限り必要な糖度とアルコール度数が確保できないためである。そこで、有賀氏は次節で述べる「冷凍果汁仕込み」を採用し、醸造工程で補糖をすることなくアルコール度数を高める技術を確立することに成功した。続いて、有賀氏は、1991年に全国の家族経営ワイナリーに先立って直営レストラン“風”を開設した。このレストランは勝沼醸造のワインを楽しんでもらいたい、純国産のワインに合う食事、料理を提案したいとのこだわりから有賀氏自身が企画した（**写真１－５右**）。

写真１－３　金山葡萄酒協同醸造組合の作業者、製糸女性工員（左）と有賀雄二氏（右）

出所：勝沼醸造株式会社提供資料より引用

写真１－４　有形文化財に認定された日本家屋の本社（左）と販売店の様子（右）

出所：左の写真は勝沼醸造株式会社提供資料より引用、右の写真は筆者撮影

写真１－５　１房ずつ傘掛けされる甲州ブドウ（左）と大浦天主堂をイメージした直営レストラン“風”の内観（右）

出所：左の写真は勝沼醸造株式会社提供資料、右の写真はレストラン“風”インスタグラムより引用

有賀氏と社員の努力が結実し、1993年には「冷凍果汁仕込み」の甲州ワインが完成した。2003年フランス醸造技術者協会主催の国際コンテスト（Vinalies Internationales）に「冷凍果汁仕込み」1999年産甲州ワインを出品したところ35カ国2,300種類のなかで銀賞を受賞した。翌2004年も続けて同コンテストの銀賞を受賞したことで、勝沼醸造の名は世界中に広まり、それと同時に有賀氏は甲州ブドウでも世界に通じるワインができると確信したのである。

2001年には笛吹市伊勢原(いせはら)地区に所在するブドウ畑で収穫した甲州ブドウで美味しい甲州ワインができることを偶然発見した。この畑には至るところに大小の石が転がっており、他の圃場に比して水はけが良好である。この畑では凝縮感がある甲州ブドウが生産され、2004年には「イセハラ」の名称が付された高品質の甲州ワインが誕生した**（写真１－６）**。

このような出来事が続き、顧客やソムリエ、ジャーナリスト、同業他社から勝沼醸造の甲州ワインは「甲州らしくない」「変な甲州だ」と評価された。有賀氏はこの評価を前向きに捉え、「変な甲州」を造ることこそが勝沼醸造の目指すワイン造りであることに気がついた。そこで、2004年には美術家の**綿貫宏介**[8]氏から助言とボトルラベルデザインの協力を仰ぎ、勝沼醸造の甲州ワインブランド「アルガブランカ」を立ち上げるに至った。自社ブランド「アルガブランカ」を発表した有賀氏は、勝沼醸造の製品とブランドの価値を向上させるために、既存の流通方法を見直し、本社販売店と全国各地の特定酒販店での限定的な流通方法(特約店制度)を採用することとした。有賀氏は、後年の**シャトー・パップ・クレマン**[9]オーナーである**ベルナール・マグレー**[10]氏との出会いも相まって、製品がもつ「価値」とは何かを問い続けることとなる。その結果、「製品の価値は単純な原価の積み上げで決まるものではない。勝沼醸造ではコストよりもお客様に与える驚きや感動が大きい価値（価値＝驚きや感動＞コスト）を創造することが大切であり、コスト（原価の積み上げ）と価値は全くの別物である」という考えにたどり着いた**（写真１－７）**。

これらの経験を経て、海外展開をも視野に入れた高品質、こだわりのワイン造りを追求する有賀氏の信念は確固たるものとなり、やがて他の追随を許さない**モノづくり**[11]を目指す会社のバックボーンとなった。この一環として、現在では、製品を構成する地域資源（歴史、風土、ブドウ農家、日本式家屋のワイナリー）とワインをパッケージ化したワイナリーツアーや、和食とのコラボレーションによるワイン会なども積極的に主催している。

そして、勝沼醸造がもつ醸造技術を結集し、完全自社管理下でのワイン製造、販売を図ることを目的に、アサヒビールからワイナリー（約5,500坪）を取得し、翌2006年よりワインの完全自社製造体制を構築した。併せて、ワイン用ブドウの確保にあたっては地元農家との契約を堅持しつつも、本社周辺のブドウ畑（計5ha）を借り受け、ワインに適するブドウの試験栽培、ワイン用ブドウの生産、農地の保全をはかっている。現在、ワイン原料のおよそ９割を契約農家から仕入れているが、今後は地域内での農家の高齢化や食用ブドウ栽培への転化を見据え、自社ブドウ畑の面積を拡大することとしている。

---

8)：無汸庵と呼ばれた美術家であり、絵画、彫刻、陶芸、建築など幅広い領域で創作活動に携わるとともに、ブランドプロデュースにも尽力した。

9)：フランスボルドー地方で最も古い歴史を持つシャトーの一つ。シャトーはブドウ畑を所有し、ブドウ栽培や瓶詰めに至るワイン製造を行う生産者を指す。本来、シャトーの意味は「要塞」「城」であるが、上述の生産者が広大な敷地に城のような醸造所を構えていることからシャトーと呼ばれるようになった。

10)：フランスボルドー地方出身の実業家で、フランスのワイン王と称されている。ボルドー地方だけでなく、フランス国内外で多くの生産地を所有している。

11)：単にこだわり製品を作る「ものづくり」だけでなく、製品にサービス、人的要因、環境要因等の付加価値を付けるプロセス、あるいは製品づくりを意味する。

写真１－６　甲州ブドウのグランヴァン「イセハラ」を生み出す伊勢原地区のブドウ畑

出所：勝沼醸造株式会社提供資料より引用

写真１－７　アルガブランカシリーズ（左）、ベルナール・マグレー氏と有賀雄二氏（右）

出所：勝沼醸造株式会社提供資料より引用
注：アルガブランカシリーズの左から３番目のボトルがアルガブランカ「イセハラ」

2019年度の年間ワイン製造量は36万本（うち白ワインは約70％）、果汁８万本で、2019年度～2023年度の年間売上高は４～５億円を推移している。また、**図１－３**で示されているように、勝沼醸造における総仕込量のうち73～74％が甲州ワインを占め、かつ、勝沼醸造における甲州ワインの仕込量は山梨県全体の約10％を占めている。このことから、同社による甲州ワイン造りが、ワイン用甲州ブドウの生産だけでなく地域資源の保全にも大きく貢献しているといえよう。

こうした勝沼醸造と有賀氏による業界に先駆けた革新的な技術、事業展開の取組みにより、日本ワイナリーアワードでは甲州ワインが５年連続で５つ星評価を、日本ワインコンクールでは金賞、銀賞を、この他数多くの賞をそれぞれ受賞し、日本屈指のワイナリーの地位を確立した。さらに勝沼醸造のワインは、高級飲食店やホテル、JALファーストクラス、首脳会議で勝沼醸造のワインが次々と採用されるとともに、マグレー氏との共同ブランドの立ち上げに伴うEU諸国へのワイン輸出もスタートし、世界中のファン獲得と日本ワインの価値向上に成功している。

２）勝沼醸造の組織と人材育成の特徴

本節の最後に、勝沼醸造の組織と人材育成の特徴について触れたい。勝沼醸造は代表取締役社長をトップにブドウの栽培、醸造、流通や直売店での販売を一貫して管理している（**図１－４**）。従業員数は、

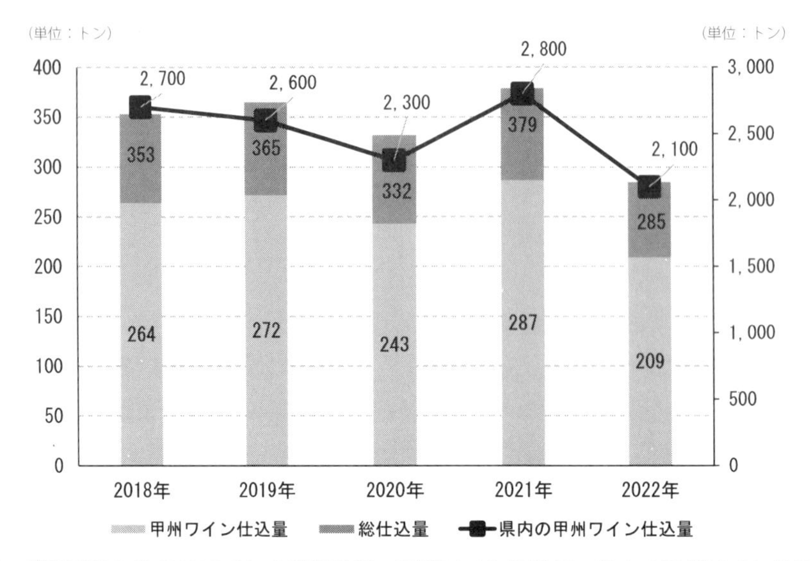

図１－３　勝沼醸造におけるワインの総仕込量、甲州ワイン仕込量、県内の甲州ワイン仕込量の推移

出所：勝沼醸造株式会社提供資料に基づき筆者作成
注：図中の棒グラフ（ダークグレー）に記載されている数値は、勝沼醸造におけるワインの総仕込量を示している

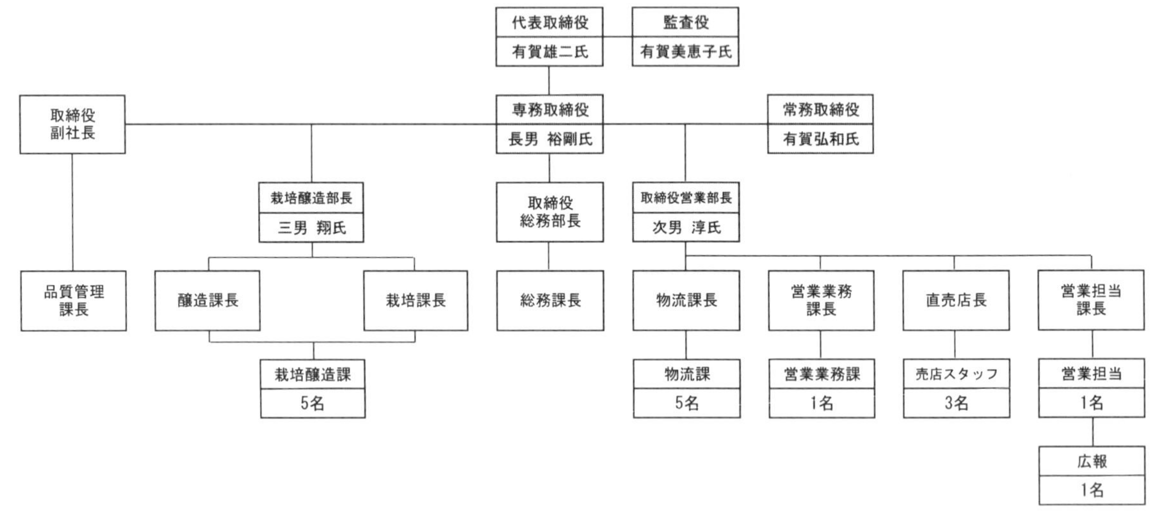

図１－４　勝沼醸造の組織図（2023 年６月現在）

出所：勝沼醸造株式会社提供資料を筆者改編

2023 年現在で 27 名となっている。このなかで、有賀氏の長男である裕剛氏はフランスにおける醸造技術の修行を経て同社に入社し、専務取締役として栽培と醸造を統括している。また、有賀氏の実弟である弘和氏は常務取締役として、有賀氏の次男淳氏とともに営業部門・販売部門を支え、特約店との関係づくりやワイン会の主催も担当している。さらに、三男の翔氏は栽培醸造部長として、ブドウの試験栽培や技術開発、ブドウ生産を担当している。ブドウ栽培に関連して、翔氏は契約農家と勝沼醸造の信頼関係を築くにあたって欠かせない人材となっている。

このように会社組織の中核は有賀家が担っているが、人材の確保・育成においては柔軟な体制を構築している。人材の確保にあたっては、新卒・中途採用に固執することなく採用、登用することを原則としながらも、ワイン生産の特異性を踏まえつつ、ワイン生産に関わる専門教育を受けた者や経験がある者、酒類流通業の経験、また芸術活動やスポーツ技能を持った人材など様々な感性の高い人材を求めている。また、ブドウ収穫がスタートする繁忙期では、シルバー人材の活用など季節的なアルバイトを採用することで、効率を上げる工夫を施している。一方の人材の育成面では、従業員による自主的な挑戦や新しい発想を積極的に受け入れるとともに、海外研修や地元大学のワイン醸造家育成プログラム等への参加を促すことで個々人の技術向上を図っている。今後は、地域におけるブドウ生産者の高齢化や後継者不足、シャインマスカット等高級生食用ブドウの栽培に移行する生産者の増加に伴うワイン用ブドウの不足に対応して自社栽培比率を高めるべく、自身でワイン用ブドウの栽培とワイン造りの双方ができる若手人材を確保、育成することを目標としている。

家族経営ワイナリーとして希少性の高い高品質ワインを造り続けるために、勝沼醸造ではブドウの生産、ワイン醸造、販売に関わる環境要因、技術要因、人的要因など経営の内部環境にも細かく注意を払い、規模適正化に尽力している。

5．勝沼醸造ブランドを支える醸造法と流通の特徴

勝沼醸造の経営展開において重要な局面となったのは、前節で述べたように自社ブランド「アルガブランカ」の確立による価値の創造である。このブランディングには様々な取組みや要因があるが、本節ではその中心的存在である同社の醸造法「冷凍果汁仕込み」と新たな流通方法としての特約店制度を整理する。

1）冷凍果汁仕込みの特徴

有賀氏は、周囲で否定的な意見が聞こえるなか、1990年代初頭に日本固有の品種である甲州ブドウに着目し、世界に通用する甲州ワイン造りを始めた。甲州ブドウの平均糖度は平均15度と低く、そのままでは必要なアルコール度数が確保できなかった。そこで、有賀氏は「冷凍果汁仕込み」を採用した。この醸造法では、まず、甲州ブドウを搾汁した果汁（果汁歩留り75％）から、フリーランと呼ばれる強い力を加えない､自重による加圧によってブドウから自然に流れ出す果汁「フリーラン･ジュース」を集める。この「フリーラン･ジュース」の果汁歩留りは60％となる。次に､「フリーラン･ジュース」を凍らせて氷の部分（全体量の約40％）を除去し、残りの濃縮果汁（全体量の約60％）をアルコール発酵させると、補糖をすることなく糖度22度、果汁歩留り36％の甲州ワインを造り出すことができる。一方、この醸造法で甲州ワインを造ると、ワインボトル１本につき平均2.1kgの果汁が必要であり、通常の補糖をする甲州ワインに比べてその量は２倍に及ぶ**（図１－５）**。

勝沼醸造では､「冷凍果汁仕込み」を採用した1993年から､「フリーラン・ジュース」をドラム缶に詰め､冷凍倉庫会社に委託をして貯蔵していた。しかしながら､そうすることで｢フリーラン･ジュース」が完全に凍ってしまうため、夏季シーズンに自然解凍をしてアルコール発酵を行うことになる。また、一度、完全に凍った濃縮果汁は微かに冷凍臭くなり、ワインにもその臭いと味が残る場合がある。そこで、現在は冷凍保存委託をとりやめ、季節に左右されずに冷凍仕込みができる特注タンクを自社ワイナリーに導入した。これにより、氷部分と果汁部分の分離が容易となり、濃縮果汁を発酵させて高品質の甲州ワインを造ることができるようになった**（写真１－８）**。

現在､「冷凍果汁仕込み」は各地のワイナリーでとり込まれ、その醸造法自体は一般化している。

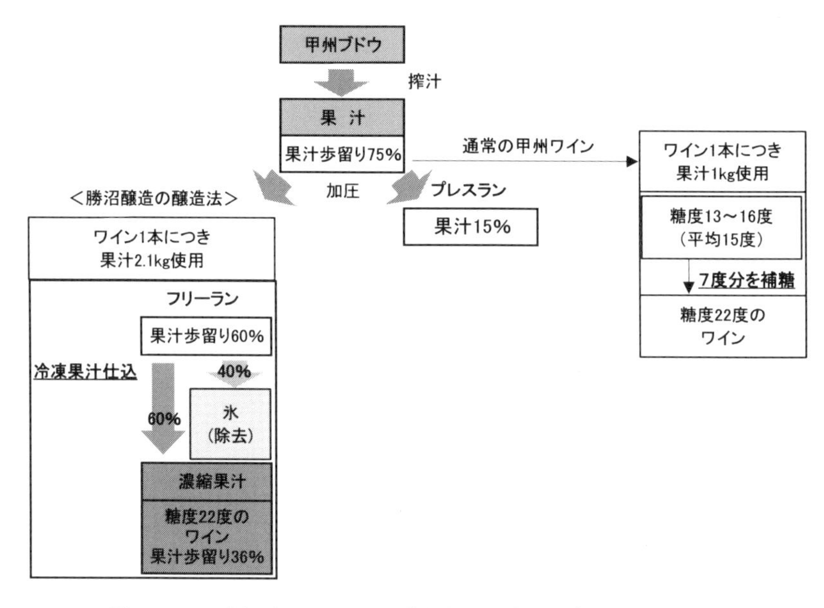

図１－５　勝沼醸造における「冷凍果汁仕込み」醸造法の特徴

出所：勝沼醸造株式会社提供資料を筆者改編

しかし、こうした専用設備と細かな製法が他社製品との差別化につながっている。

写真１－８ 冷凍果汁仕込用特注タンク

出所：筆者撮影

2）特約店販売制度の導入

有賀氏が2004年に「アルガブランカ」ブランドを発表し、最初に着手したのが特約店販売制度である。この制度は、造り手である勝沼醸造が認定した特定の酒販店に限り自社商品を流通させるものである。流通網を限定することによって、特約店が勝沼醸造の伝え手として製品の魅力やブドウ農家、醸造家の思いをお客様に適切に伝え、ひいてはブランド価値を一層高める効果が期待されている。そのためにも、有賀氏を中心に勝沼醸造の営業担当は頻繁に各地の特約店に足を運び、相互の思いや情報を共有しながら信頼関係を構築することを大切にしている。2023年度現在で全国各地に計140件の販売ネットワークを構築している。有賀氏はこうした特約店のおかげで、勝沼醸造は高品質ワインを造ることに注力できると強調している。

6．勝沼醸造と地域のブドウ農家との関係

勝沼醸造は、現在は自社農園を有機農業に切り替えワイン用のブドウを栽培しているが、今まで周囲の農園には勝沼醸造にならって有機栽培を始める農家はほとんどいなかった。昨年農場主を亡くし

た農家は、有賀氏に栽培方法を習いながら有機栽培を始めようとしていたがそれも農場主の病によって道半ばとなった。ブドウ農家とワイナリーがブドウ栽培においてこのようなつながりをもつケースはまれで、指導する側と学ぶ側といった縦の関係性はブドウ農家と醸造所との間にはほとんどない。ブドウ農家は、醸造所がブドウを生産していても、そこで栽培方法を学ぶことはしない。では、どのように勝沼醸造は地域のブドウ農家と信頼関係を構築して甲州ワイン生産に携わっているのか。ここでは「ブドウの買取価格」と「収穫箱」をキーワードに紹介する。

まず、ブドウの買取価格は品種や醸造所によって一定ではない。醸造所にワインの在庫余剰がある場合、一般的には醸造所によるブドウの買取りは難しくなり、価格も下がってしまう。コロナ禍にはその傾向が顕著になる醸造所が多かった。勝沼醸造では収穫物をどの醸造所よりも高く買い取り、ブドウが売れないのではないかというブドウ農家の不安を払拭した。どれだけ在庫を抱えていても、ブドウの買取りを断らなかった。有賀氏は、こうした醸造所としての気概がブドウ農家との信頼関係を作り、ブドウ農家の醸造所への信頼によって両者が結びついているという。ブドウ農家の有賀氏への信頼は厚い。

そして、もう一つのキーワードである「収穫箱」。勝沼醸造と地域のブドウ農家を結びつけ、甲州ワインの品質向上のきっかけにもなっている収穫箱を介した非言語コミュニケーションを紹介したい。フランスでブドウ栽培・ワイン生産について学び帰国した長男の裕剛氏は、当時農家から搬入されるブドウを絞り機に入れる作業に就いていたという。収穫されたブドウの入っている箱には、あらゆる状態のブドウが一緒に入れられ、品質が一定の状態からは程遠かった。ブドウの収穫箱には新鮮なものばかりではなく、収穫箱の底の方に収穫から時間の経っているもの、品質の劣るブドウが入っていることもあった。裕剛氏は会話でその問題を解決しようと農家と話をすることもあったが、ブドウの状態は簡単にはよくならなかった。そこで裕剛氏はひたすら収穫箱を洗い始めたという。１万個以上もある収穫箱を手作業で洗うのは、想像をはるかに超えるほどの重労働であり、終わりのない洗浄作業は毎日続いたという。大手飲料会社の醸造所でもこのような収穫箱は使われているものの、箱が洗われるのは１年に１回あるかないか程度であり、箱はつまりどの醸造所でもそのまま農家に返され、また醸造所に戻ってくる。一方で、勝沼醸造と名前のある収穫箱は、枝や葉がない状態でブドウ農家の元へ返されるようになった。誰もそのことを指摘しなかったが、徐々にブドウの品質と農家から回収される収穫箱に変化がみられるようになった。裕剛氏が隅々まで洗った箱には、収穫直後の鮮度の良いブドウが収められるようになったのだ **（写真１－９）**。今では、高圧洗浄が可能な機械が導入され、手作業で箱を洗う必要はなくなった。箱はいつも綺麗な状態に保たれ、地域のブドウ農家にも裕剛氏のメッセージや、新鮮なブドウで甲州ワインを世界に届けようという心意気が伝わったことがわかる。裕剛氏は、当たり前のことをどれだけ徹底して当たり前にできるかがワインの品質を決めると語っており、これは買取価格や収穫箱の話だけではなく、あらゆる醸造工程に通じることだという。

写真１－９　綺麗に洗浄された勝沼醸造の収穫箱

出所：筆者撮影

7．まとめにかえて

以上のような勝沼醸造の特徴をふまえ、ここでは、まとめにかえて、その魅力をあらためて3点にまとめてみたい。

魅力の1点目は、「地域」を見つめ、地域にこそ世界へ展開する可能性があることを見いだしたことである。

ワインは、ブドウ自体がもつ特質と、そのポテンシャルを引き出す醸造技術の融合の賜物である。ワインの原料となるブドウは、土壌や気候など、とりかえることができない地域の環境のなかではぐくまれる。現在、日本で製造されるワインの約8割は濃縮果汁や原料ワインを使用した「国内製造ワイン」とされ､国産ブドウから醸造される「日本ワイン」は約2割にすぎない。そうなるには技術的・経営的理由があるものの、現時点では、国産ワインは日本のテロワールの魅力を十分に呈しているとは言い難い。

このような日本のワイン業界のなかで、勝沼醸造は1300年ものあいだ勝沼の地で育まれてきた甲州ブドウの価値を再発見した。それを可能としたのは、一つには甲州ブドウを育ててきた地域のブドウ農家との何代にもわたる深いつながりである。時には過剰となったブドウを買い支え、また、契約栽培によって勝沼醸造・生産農家双方の経営の安定化と品質に向上につとめてきた。そして、もう一つは、ワイン用の甲州ブドウとは何かを深く追求してきたことである。人材育成や分析技術の向上も後押しとなり醸造技術も向上し、また、自社ブランド「アルガブランカ」を設けるなど、甲州ブドウは多様な魅力を呈することを示してきた。

勝沼でもブドウ農家の高齢化や後継者不足などの課題を抱えているが、これからもブドウ農家とワイナリーの関係はワインクラスターの中核として地域社会を支えていくであろう。また、原料ブドウの確保や試験的な栽培ができる自社畑も拡大中である。有賀氏は、「尊いブドウ畑のある景観を維持したい」と述べており、地域に根差した甲州ブドウの更なる可能性を私たちに示してくれることを期待する。

魅力の2点目は、ファミリービジネスを展開する「家族」である。

勝沼醸造は従業員30名弱の中小企業であり､代々有賀家が経営の中核を担う家族経営のワイナリーである｡国内ワイナリーは､生産量が100kℓ以下の小規模ワイナリーが数では8割以上を占めているが、生産量では5%程度となっている一方、1,000kℓ以上生産する大規模ワイナリーは、数では数%であるが、生産量では8割以上を占める。大規模ワイナリーの生産量のうち、国産ブドウを原料とする日本ワインは生産量の10%以下にすぎず、大体のところ、大規模ワイナリーは濃縮果汁や原料ワインを利用した大量生産で低価格を実現し、小規模ワイナリーは国産ブドウや醸造方法にこだわった個性的なワインの生産を目指しているという構図が見えてくる。

ワインの魅力の一つはテロワール、すなわち、地域性やローカル性にあり、それが個性を際立たせ、多様な魅力を有する市場となる。有賀家は代々家業としてワイン醸造業を営んでおり、経営規模は決して大きくはないが、日本ワインを製造・販売するというファミリービジネスにおいては適正規模を維持しているといえるのではないだろうか。ファミリービジネスは、代々地域とのつながりも深く、経営環境の変化に柔軟に対応ができ、倒産しにくいという強靭性を兼ね備えていることが指摘されている。地元産甲州ブドウへのこだわり、ブドウ農家との細やかな関係性の構築、有賀氏をはじめとする家族・社員による顔の見えるセールス、こうしたことは、大手メーカーではなかなか実現はできない。日本ワインの生産においては、規模の経済の追求は必ずしも正しいとは言えないであろう。

ファミリービジネスにおいては、近年は、後継者が見つからないという課題も指摘されている。幸いにも、勝沼醸造は有賀氏の3人の子息、裕剛氏、淳氏、翔氏がそれぞれ、醸造、営業、栽培の分野を担いつつある。有賀家にはじめから人材が揃っていたというよりも、勝沼醸造が3人をひきつけた魅力的な企業であったということの証である。

魅力の3点目は、日本ワインの文化的ポテンシャルの可能性である。

2013年、和食が「和食；日本人の伝統的な食文化」として、ユネスコ無形文化遺産に登録されたことは広く知られている。酒などの嗜好品なども含めた和食は1000年以上にわたりその歴史を紡いできた。地理的な多様性や四季の変化に応じた様々な食材があり、それらを調理したり、美しく盛り付けたりすることが、日本の文化の一面を形にしたものと位置づけられる。国産ブドウを原料とするワインは、試作がはじめて行われてからわずか150年程度であり、数千年にわたるワインの歴史、1000年以上の和食の歴史と比較すると、日本ワインはまだ登場からそれほど時を経ていないという段階にある。

ワインというと、以前は「洋食にあわせる」と考えるのが一般的であったが、有賀氏は日本ワインと和食との「マリアージュ」を提唱しており、直営レストランの開設や世界に展開する有名和食店への提供などを通じて、日本ワインの魅力を世界に発信している。和食が世界で受け入れられていく中で、出来上がったものを楽しむのではなく、和食と日本ワインとの関係が一歩ずつ構築されていくプロセスを楽しめるということは、ワイン愛好家にとっては大きな魅力であろう。これからも有賀氏には日本ワインと和食の関係をより深みに導く原動力としての活躍が期待される。

先に「3点」と述べたが、どうしても追加したい点がある。それは有賀氏自身のセンスと魅力である。「アルガブランカ」ブランドの顔ともいえるワインボトルのラベルは綿貫宏介氏のデザインであることは前述のとおりであるが、クラシックとモダン、無骨と洗練とが交差する一度見たら忘れられない個性的なものとなっている。日本ワインの歴史を示したようなこのデザインを採用できる有賀氏のセンスに脱帽する。そして、有賀氏のユーモラスで朗らかな人柄も多くの取引先や消費者をひきつける魅力である。

勝沼醸造がこれからも高品質を追求しつつ、適正規模・適正価格の経営を行い、それを求め受け入れる消費者とその関係を継続・構築することで勝沼の景観を守りぬいてくれることに期待したい。

【参考情報】

東京農大経営者フォーラム2023 東京農大経営者大賞受賞記念講演
勝沼醸造株式会社代表取締役社長　有賀雄二氏

私ども勝沼醸造株式会社は、甲府盆地東部の扇状地に位置する甲府市勝沼町にあります。1937年に私の祖父が製糸業を営む傍らでワイン造りを始め、私がその3代目にあたります。スタッフの人数は27名です。ワイナリーの生産規模ですが、ワイン約36万本、ブドウ果汁約8万本の合計約44万本となります。ワインボトル1本を造るために必要となるブドウの量は1kgとなりますので、44万本のワインとブドウ果汁には440トンのブドウが必要となるわけです。この440トンのブドウを生産するために必要な農地面積は約 40ha です。しかし、自社栽培面積は 5ha（全体の 10%）となりますので、ほとんどのブドウを地域の生産者に作っていただいています。

次に、最近になって気が付いたことは、ワインは国際商品だということです。伝統的なワイン生産国を「旧世界」と呼びます。それに対して、新しいワイン生産国を「新世界（ニューワールド）」と呼びます。新世界は数ヵ国が該当しますが、代表的な国は米国です。米国が新世界の代表となったのか、もしかしたら旧世界のフランスに次ぐブランドになるかもしれませんが、1976 年にワイン業界で「パリスの審判」という出来事が起きたのです。英国のワイン商がパリでフランス人のワイン専門家 10 名を集めて、カリフォルニアワイン、ボルドーワイン、ブルゴーニュワインを目隠しで試飲させて、この中で一番良いワインを選ばせました。その結果、選ばれたワインは、白ワイン、赤ワインのいずれもカリフォルニアワインだったのです。米国でも良いワインができることが証明された事件でした。

私達も何か事を起こせないかと、1990 年にワイン専用品種の自社栽培に着手しました。現在では話題になっている白ワインはシャルドネ、赤ワインはカベルネ・ソーヴィニヨンをそれぞれ 300 本ずつ栽培しました。この頃は自社所有の農地がなかったため、農家から宅地並み価格で農地を借り受けました。そして、創業以来、当社のテーマにしている「たとえ一樽でも最高のものを」と「日本の風土における最大の可能性追求」を思いにこめて、採算を考慮せず、私もスタッフと一緒に懸命になって自社栽培に取り組みました。日本は雨量が多いため、手間をかけてブドウ１房１房に傘もかけました。その結果、2004 年から 2015 年までシャルドネとカベルネ・ソーヴィニヨンのワインを販売するに至りました。

私には息子が３人おりまして、現在は全員が一緒に働いています。このうち、醸造責任者を担当している長男は、農大で途中までお世話になり、その後フランスのワイナリーで４年ほど修行をしました。その長男がフランスから戻ってきて、私達が植えた自社栽培のブドウを全部抜いてしまったのです。その時に長男からは「うちは甲州ブドウのワインに特化するのではなかったのか。甲州ワインで一番と呼ばれるワイナリーを目指してきたはずだ。」と諭されました。その時に、私自身でそれまでのワイン造りを振り返り、改めてワイン造りを定義づけることができました。１つ目の定義ですが、ワイン造りはその産地の自然と人間の関わりなのです。つまり、その産地の風土とそこに携わる人に価値を見い出し、表現したものがワインであることに気づいたのです。２つ目ですが、日本ワインを造るためにはブドウ１房１房に傘をかける手間と人手が必要となりますので、生産コストがかかります。これは現在の農業技術では変えられないので、肯定するしかありません。３つ目についてですが、コストが一番高いということは競争力がないと思われるかもしれませんが、コストよりもお客様に与える驚きや感動が大きいもの（価値）を創り出すことが大切と考えました。つまり、コストと価値は別物であって、価値＝驚きや感動＞コストなのです。

後ほど、これらの定義に至った出来事について、詳しくお話ししたいと思います。

「甲州」と聞けば、山梨をイメージされるかと思いますが、ワイン業界に出てくる甲州はブドウの品種名（甲州ブドウ）または甲州ワインを指します。勝沼町内に国宝の大善寺（通称：ぶどう寺）があります。その寺は、718 年に仏教僧の行基によって建てられたといわれます。その寺のご本尊である薬師如来がブドウを携えていることから、1300 年以上前にブドウが薬として持ち込まれたという説があります。コーカサス地方にジョージアという国がありますが、同国を原産とするブドウはヨーロッパ系品種で、甲州ブドウはその地を起源としていることが DNA 鑑定から明らかになりました。

ただ、果たして甲州ブドウで世界に通じるワインができるのか悩みました。長い間、地域のワイナリー仲間には甲州ブドウでワインを造ろうとか、世界に打って出ようといった考えがなかったのです。ブドウを搾ってジュースを作ると、ジュースに含まれる糖分は二酸化炭素とアルコールに分解され、やがてワインになります。その糖分によってアルコール度数は決まります。甲州ブドウの糖度は有名品種のブドウの糖分に比べて若干低いことが広く知られています。したがって、甲州ブドウでワインを造る際は砂糖を足してアルコール度数を高めていたのです。そこで、独自のワイン醸造法として冷凍果汁仕込みを採用しました。甲州ブドウを搾汁すると、果汁の約75%がジュースになります。圧力を加えないフリーランという方法で果汁を60%程残し、１回凍らせます。凍らせると氷ができますので、この氷を除去することで濃厚な果汁が残るわけです。この醸造方法によって砂糖を使用せず、比較的アルコール度数の高い甲州ワインを造ることができたのです。1993年から製法を続けてきたのですが、その甲州ワインを2003年にフランス醸造技術者協会主催の国際コンテスト（Vinalies Internationales）に出品したところ、世界35カ国2,300種類のなかで銀賞を受賞しました。翌2004年も続けて入賞しました。この経験から、甲州ブドウでも世界に通じるワインができると確信しました。

また、ブドウの生育地の地理や気候等によってワインに違いが出る、「テロワール」と呼ばれる言葉がありますが、2001年に笛吹市伊勢原地区にある当社の畑で収穫した甲州ブドウで美味しい甲州ワインができることを発見しました。ここで生まれたワインが「アルガブランカ イセハラ」です。この畑には大小の石が転がっています。日本は雨量が多いのですが、この畑は他の畑に比べて水はけが良いのです。水はけが良いため凝縮感があるブドウが生産され、やがて個性のあるイセハラが生まれたと考えています。

このような出来事が続いて、お客様やソムリエ、ジャーナリスト、同業他社から勝沼醸造の甲州ワインは「甲州らしくない」「変な甲州だ」と評価されるようになりました。この時に気がついたことが「変な甲州」でなければ世界に通用しない、あるいは「変な甲州」を造ることが我々の目標なのだということです。そこで当社では自社ブランド「アルガブランカ」を立ち上げました。「アルガブランカ」は甲州ワインのシリーズで、アルガは私の苗字、ブランカは白という意味です。変な甲州をブランドコンセプトにしていますので、ボトルにはどこにも甲州の字を書かないようにしました。

販売については、2004年に特約店制度に基づく限定流通に着手しました。私たち造り手にとって伝え手の存在が大切です。造り手の考えや思いを商品と一緒にお客様へ伝えてくれる制度、そうした販売ネットワークを構築しました。現在は全国に140件の特約店があります。2007年には、JALが国際線ファーストクラスでアルガブランカを２年間採用してくださりました。２年間で2,000ケース、計２万4,000本も購入していただきました。

2008年にはフランスのボルドーにある名門のシャトー・パップ・クレマン（オーナー：ベルナール・マグレー氏）と共同でEU向け甲州ワインの新ブランド「MAGREZ-ARUGA KOSHU」を立ち上げました。2007年にマグレー氏の息子が当社のワイナリーを訪問してくれまして、「一緒にワインビジネスをしましょう。日本の甲州ワインを世界に展開するお手伝いをしたい。」と言われました。マグレー氏にご挨拶で伺った時に、彼から「あなたには間違いが２つある」と指摘をいただきました。１つ目は「なぜ世界をマーケットにしないのか」ということです。「あなたが造ったワインの価値は、世界に販売すれば今よりもはっきりするでしょう」と言われたのです。２つ目は「あなたはワインの価格設定を間違えている。あなたはワインの価値を知らない」と言うのです。加えて、彼からは「あなたが付けたその値段で良いなら、全て私に分けてほしい。私はあなたの３倍の値段で売りきる自信がある」と言われてしまいました。マグレー氏が指摘したいことは、コストと価値は全く別物ということなのです。ワインに限らず、我々は商品・サービスの価格を設定する時に原価を積み上げて決めるものですが、マグレー氏にとってそれは価格ではなくコストと捉えているのです。

アルガブランカを世界の飲食店で取り扱ってほしいという思いから、2010年からNOBU TOKYOとコラボレーションをし、NOBUワイン会を開催しています。2013年にはロンドン、最近では2018年にハワイで開催しました。甲州ワインは和食との相性が良いので、高い評価を得ています。

最後のお話となりますが、2013年には「GI山梨」と呼ばれる地理的表示が国税庁によって認定されました。現在は北海道や長野県もGIを取得していますが、GI山梨の印が付いているワインは県産ブドウのみで造った、さらには品質審査会で合格したワインと証明できるようになりました。山梨県は新宿駅から中央線特急に乗ると１時間30分で到着します。その勝沼町には先人から受け継がれてきた農業を象徴する景観が残っています。しかしながら、老齢化や後継者不足によって、今後、このブドウ産地や景観がどのようになるかわからない状況です。10年、20年先にはこのブドウ畑がなくなっている可能性があるのです。この講演を聞いていただいた皆様にお願いがあります。レストランに行った際には、アルガブランカがないか尋ねていただいて、是非とも味わっていただきたいのです。それが、山梨のブドウ畑やその景観を保全する一助となります。先ほど少し触れましたが、当社のワインはその土地に携わっている人、その土地の風土や歴史に価値を見出す商品です。当社のワイン１本１本にはこのような背景が隠れていますので、他産地ワインを混ぜた、あるいは効率的な大量生産方式で造られたワインとは異なります。

本日は本当に素晴らしい賞をいただきました。これをきっかけに息子達やスタッフと一緒に世界に通じる商品づくりに励むとともに、次世代のためにブドウ畑の景観とワイン産地を残すよう尽力してまいります。ご清聴いただきありがとうございました。

【参考文献・ウェブページ】

［１］石川寛子・江原絢子編著（2002）:『近現代の食文化』、弘学出版.

［２］江原絢子（2014）:「「和食」とは何か－和食文化の形成と変化－」、『農業と経済2014年11月臨時増刊号』.

［３］大野雄太・平尾正之・木原高治（2015）「第１章 地域資源を活かした企業戦略と企業価値の向上－グローバルな発想で展開する白百合醸造・内田多加夫氏のレピュテーション・マネジメント－」、稲泉博己・新部昭夫・山田崇裕編著『バイオビジネス・13－新世代日本的経営の確立に向けて－』、家の光協会、pp.16-58.

［４］叶芳和（2024）:『国産ワイン産業紀行』、藤原書店.

［５］勝沼醸造株式会社ウエブページ（最終閲覧日：2024年７月24日）、https://www.katsunuma-winery.com/

［６］勝沼醸造株式会社インスタグラム「katsunumajyozo_winery_official」（最終閲覧日：2024年７月24日）、https://www.instagram.com/katsunumajyozo_winery_official/

［７］厚生労働省「名目賃金指数と実質賃金指数の推移」（最終閲覧日：2024年７月24日）、

https://view.officeapps.live.com/op/view.aspx?src=https%3A%2F%2Fwww.mhlw.go.jp%2Fwp%2Fhakusyo%2Froudou%2F23%2Fbackdata%2Fxls%2F01-03-09.xlsx&wdOrigin=BROWSELINK

［８］国税庁課税部酒税課（2020）：国内製造ワインの概況（最終閲覧日：2024年７月24日）、https://www.nta.go.jp/taxes/sake/shiori-gaikyo/seizogaikyo/kajitsu/pdf/h30/30wine_all.pdf

［９］国税庁「酒類製造業及び酒類卸売業の概況（令和４年アンケート）」（最終閲覧日：2024年７月24日）、https://www.nta.go.jp/taxes/sake/shiori-gaikyo/seizo_oroshiuri/r04/index.htm

［10］佐藤充活（2019）：「日本のブドウ・ワイン産業全体像－栽培から醸造・販売まで－」、『農業と経済（85）4』、pp.6-20.

［11］ダイヤモンド編集者倶楽部（2020）：「勝沼醸造 創業83年」、『レガシー・カンパニー５－世代を超える永続企業その「伝統と革新」のドラマ－』、ダイヤモンド社、pp.82-87.

［12］長沢伸也編（2019）「勝沼醸造株式会社－甲州ワイン「アルガブランカ」：ブランディングとは世界に通ずるものづくり」、『地場ものづくりブランドの感性マーケティング』、同友社、pp.3-92.

［13］長沢伸也・川村亮太（2020）「甲州ワインの勝沼醸造（山梨県甲州市）－仮説導出のための事例研究（２）－」、『地場伝統企業のものづくりブランディング－玉川堂、勝沼醸造、白鳳堂、能作はなぜ成長し続けるのか－』新星出版社、pp.60-81.

［14］日刊経済通信社（2022）『酒類食品統計月報2022年７月号』、第64巻４号.

［15］日刊経済通信社（2023）『酒類食品統計月報2023年７月号』、第65巻４号.

［16］東四柳祥子・江原絢子（2011）：『日本の食文化年表』、吉川弘文館.

［17］レストラン“風”インスタグラム「restaurante_kaze_official」（最終閲覧日：2024年７月24日）、https://www.instagram.com/restaurante_kaze_official/

［18］山梨県甲州市ウエブページ（最終閲覧日：2024年７月24日）、https://www.city.koshu.yamanashi.jp/docs/2021011900446/

［19］吉田和夫・大橋昭一 監修、深山 明・海道ノブチカ・廣瀬幹好（2011）『最新 基本経営学用語辞典』同文舘出版.

［20］KOSHU OF JAPANウェブページ（最終閲覧日：2024年７月24日）https://www.koshuofjapan.com/

第2章

絶えない改善活動とそれを支える情報管理の活動

－前田農産食品株式会社　前田茂雄氏－

金東律・内山智裕

前田農産食品株式会社

https://www.co-mugi.jp/

１．はじめに

日本の食生活において、麦は欠かせない存在であり、パン、麺、菓子、みそなど、さまざまな食品に麦が原料として使用されている。麦は国内需要量の約８割を国外産麦の輸入に依存している。近年の輸入数量は約470万トンであり、主な輸入国はアメリカ、カナダ、オーストラリアの３ヵ国である。そうした状況の中で、日本では各産地に適したさまざまな品種改良も行われ、生産量も増加傾向にあり、差別化を図るために顧客ニーズに沿った多品種を作付している農業経営も存在する。

本章では、小麦の生産・消費の動向を概観した上で、北海道中川郡本別町にて、小麦とポップコーンの生産を行なっている前田農産食品株式会社を取り上げ、その経営概況、**スマート農業**[1)]技術として**ICT**[2)]ツールの利活用、情報管理について考察する。

２．日本の小麦生産・消費の動向

日本においては、主に小麦、二条大麦、六条大麦、はだか麦の４種が生産されている。ここでは、小麦の生産と消費について概観する。はじめに、日本の小麦生産の動向を示す。**図２－１**は、小麦の作付面積と収穫量の推移を示している。小麦の収穫量はその年の天候などに大きく影響を受けるため、変動が大きい。2005年から2023年にかけて作付面積はやや増加しており、2023年の作付面積は23.2万haに至る。北海道の作付面積が国内全体の50%以上を占めている。収穫量も増加傾向にあり、2021年と2023年は約110万トンに達している。

販売目的の小麦を作付けする経営体数は、継続的に減少している。具体的には、2010年、2015年、2020年の経営体数はそれぞれ、46,202経営体（うち北海道14,565経営体、以下同）、37,694経営体（13,657経営体）30,976経営体（12,261経営体）である。他方、１経営体当たりの作付面積は拡大しており、2020年の時点で北海道の１経営体当たりの作付面積は9.7ha、都府県では4.8haに達している。

つぎに、小麦の消費量の推移を**図２－２**に示す。1966年以降、１人当たりの年間消費量は、31kg～33kgで推移している。すなわち、約半世紀の間、消費量は増加していない。同期間に、米の年間消費量は、1966年の105.8kgから2022年の50.9kgまで半減し、肉（牛肉、豚肉、鶏肉など）は、1966年の10.2kgから2022年の34.0kgまで増加した。また、小麦の総需要量（2017年～2021年）は、平均566.6万トンである。

小麦は、粘り・弾力があることを特性としており、国内産小麦の種類は、パン用品種、中華麺用品種、日本麺用品種に区分され、各用途に応じた様々な銘柄がある。パン用品種の主な銘柄は、北海道産の「ゆめちから」と「春よ恋」、中華麺用品種の主な銘柄は、福岡県産の「ちくしW2号」、日本麺用品種の主な銘柄は、北海道産の「きたほなみ」である。

---

1)：スマート農業とは、精密農業（precision farming）から発展したデータにもとづいた農業生産システムであり、ロボット、AI（Artificial Intelligence）、IoT（Internet of Things）などの技術を活用し、農業経営の現場におけるすべてのプロセスをモニタリング、分析、計画、制御することでデータから意味ある情報と付加価値を創出する概念である（Wolfert et al., 2017）。

2)：ICTは、Information and Communication Technologyの略語であり、情報通信技術を示す。

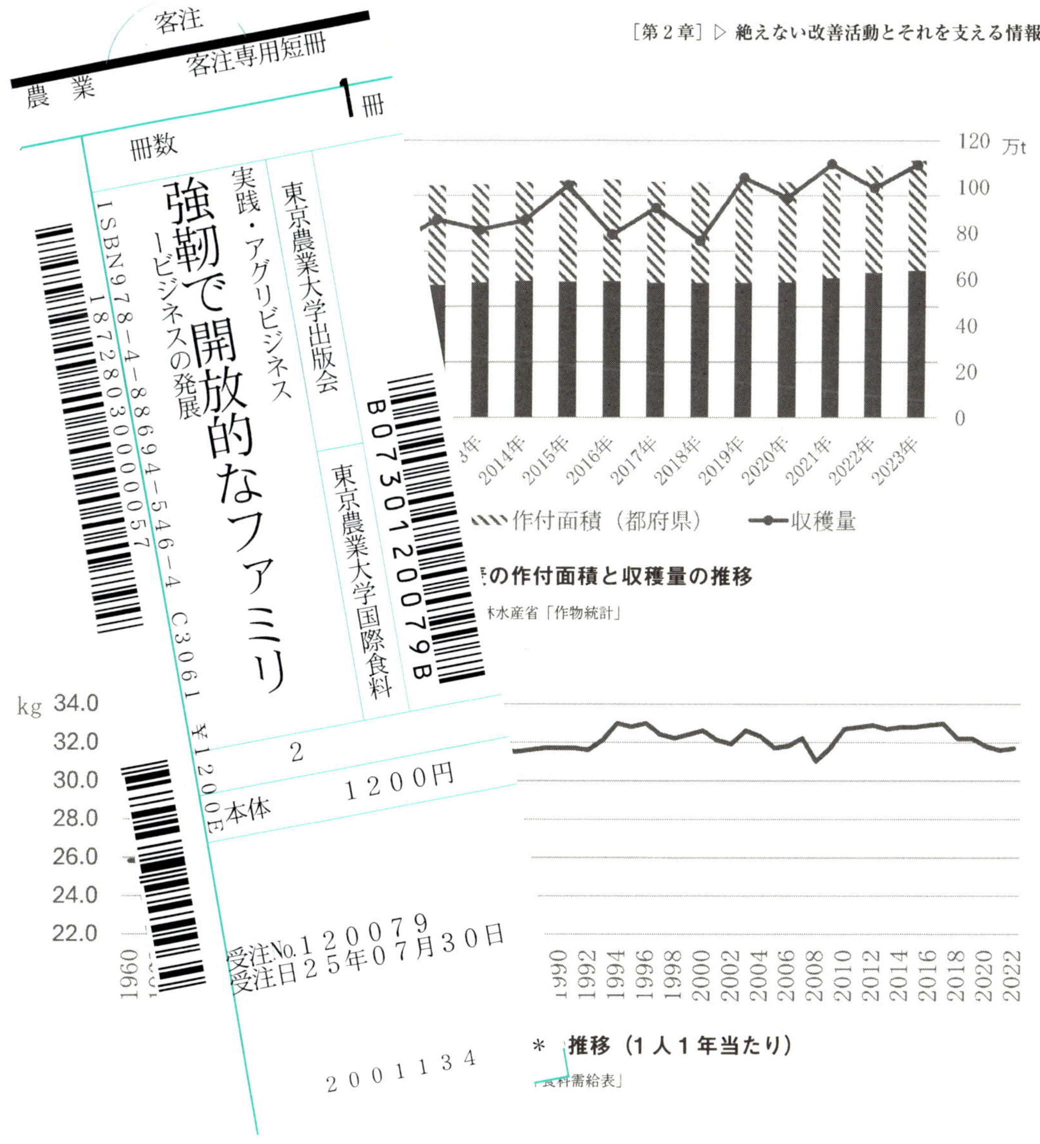

3．前田農産食品株式会社の経営概況

1）地域概況

前田農産食品株式会社（以下：前田農産食品）が所在する北海道中川郡本別町は、十勝の東北部に位置し、札幌市からは233km、帯広市からは53km離れている。本別町の面積は約392km^{2}であり、地目別の面積（2023年）をみると、山林が53%、畑が28%を占めている。2023年の人口と世帯はそれぞれ6,209人、3,398世帯であり、減少傾向にある。教育機関は、小学校が3校、中学校が2校、高等学校が1校であり、前田農産食品株式会社の周辺にそれぞれ1校ずつある。前田茂雄氏（以下、茂雄氏）は、自社が教育機関の横に所在することによって、農業の楽しさを学生らに提供できると述べている。

2020年度の農林業センサスによると、農家数が238戸、うち主業農家が170戸である。また、基幹的農業従事者は543人で、2010年の869人から37.5%減少した。2022年の農業粗生産額は118.67億円であり、耕種粗生産額が52.65億円、畜産粗生産額が66.02億円である。また、主要畑作物は豆、小麦、ビート、馬鈴薯などである。

2）経営概況

前田農産食品は、大規模に畑作経営を行なう株式会社である。経営沿革は**表２－１**にまとめた。代表取締役社長の茂雄氏は、1998年に東京農業大学を卒業したのち、1年半の間、米国留学に赴いた。Texas A&M Universityにてアグリビジネス（Agricultural Business：1998年4月～1999年7月）を、Iowa State Universityにて農学（Agronomy：1999年7月～12月）を学んだ。帰国後、茂雄氏は前田農産食品合資会社に入社し、2017年に前代の他界により代表取締役社長に就任した。経営の特徴としては、第1に、1899年の初代の前田金四郎氏が本別町に入植した後、現在の代表取締役社長である茂雄氏まで続いている家族企業であることである。第2に、2013年からポップコーンの栽培を始め、2016年から日本初の電子レンジ式北海道十勝ポップコーンを発売したことである。現在、ポップコーンの生産と加工（**写真２－１**）は、前田農産食品株式会社の主事業で

写真２－１　ポップコーン

出所：筆者撮影

表２－１　前田農産食品株式会社の沿革

年月	主な出来事
1899年	初代前田金四郎氏が十勝地方の本別町に入植。1,400haを開拓
1937年	2代目前田美次氏・久野氏が馬鈴薯澱粉工場を操業
1950年	2代目前田美次氏が所有していた農地を開放し、農地規模は16haに減少
1951年	前田農産食品合資会社を設立
1972年	3代目前田芳雄氏が馬鈴薯澱粉工場を閉業し、畑作へ専念 経営規模は70haに拡大
2000年	4代目前田茂雄氏就農
2013年	ポップコーン栽培開始
2015年	ポップコーン施設を自力で建設（所要1年半） 経営規模は120haに拡大 Global GAP認証（小麦・ポップコーン）取得
2016年	国産初電子レンジ式北海道十勝ポップコーンを販売
2017年	前田農産食品株式会社へ組織変更 4代目前田茂雄氏が代表取締役社長就任 北海道HACCP認証取得
2021年	経営面積は140haに拡大
2022年	北海道十勝ポップコーンファクトリー建設 ポップコーン生産規模は2倍～2.5倍増加
2023年	東京農大経営者大賞受賞

出所：前田農産食品提供資料および筆者のインタビュー調査による

もある。2023年度の売上割合において、ポップコーンと小麦・ビートがそれぞれ1/3を占めている。第3に、様々なICTツールを利活用し、**データ**[3)]や**情報管理**[4)]による改善を継続的に実施していることである。また、前田農産食品は、Global GAP認証と北海道HACCP認証を取得している。前者の取得目的は、全従業員の作業標準化を維持・向上すること、後者の取得目的は、ポップコーン販売において、顧客を重視したより高い安全性を確保することである。

3）生産概況

作付面積と小麦の栽培品種を**表2－2**に示した。経営面積は漸進的に拡大しており、2024年度の経営面積は140haである。作付内容については、小麦が90ha、ポップコーンが30ha、ビートが20haである。小麦の栽培品種は、4品種あり、「キタノカオリ」が主品種である。そして、「ゆめちから」は他の生産者も栽培している品種であり、差別化を図れないことから、2023年以降は作付されていない。「キタノカオリ」が主品種であることは、北海道で作付されている主な品種が「きたほなみ」と「ゆめちから」である点を踏まえると、特徴的である。茂雄氏は、「キタノカオリ」は重要な販売先であるパン屋のニーズに応え、作付面積を増やした品種であり、栽培面において病害や収穫時期の雨に弱いものの、販路を多様化し、差別化を図ることを目的に、戦略的に作付していると述べている。なお、圃場枚数は24枚で、7**ブロック**[5)]にまとまっている。

ポップコーンの栽培は、農閑期である12月～3月の雇用維持と売上拡大を目的に2013年から開始した。4年間の栽培の試行錯誤とアメリカ農家での栽培方法を学んだ結果、2016年には、国産初電子レンジ式北海道十勝ポップコーンの販売に至った。栽培上の工夫として、寒冷地でも栽培できるように生分解性マルチと穀物混合乾燥法を導入したことがあげられる。販売実績は、8万個（2016年）から74万個（2022年）までに拡大した。また、ポップコーン販売において、参考にできる国内ビジネスモデルが少ないことから、販路を開拓するために、茂雄氏が商談会への参加など、積極的に活動している。現在は、後述する顧客関係管理ツールから販売先ごとの売上データをもとに、販売拡大につ

表2－2　作付面積と品種（2024年）

経営面積	140ha	小麦	90ha
		ポップコーン	30ha
圃場枚数	24（7ブロック）	ビート	20ha
小麦の栽培品種	キタノカオリ	45ha	
	春よ恋	20ha	
	はるきらり	15ha	
	きたほなみ	10ha	

出所：筆者のインタビュー調査による

3)：データは、情報や知識の概念と一緒に幅広い学術領域で議論された概念であり、概念への見解が幅広い。一般に、データ（Data）、情報（Information）、知識（Knowledge）、そして、知恵（Wisdom）の関係性は知のピラミッド（DIKW）の順次的な階層関係から説明される（Rowley, 2007: pp.171-174）。データは意味を持たない記号や数字の羅列と表現され、非構造化された性質を有している。情報は意味のあるデータであり構造化されたデータである。情報の性質は複製可能性、外部効果、時間的価値である。

4)：情報管理は、組織内外の情報を感知、収集、整理、処理、共有、保持するプロセスとシステムの管理として定義できる（Detlor, 2010）。情報管理は、情報のライフサイクルを考慮したプロセス志向的な管理である。情報には、生成、整理、保持、利用、廃棄されるライフサイクルが存在する。この情報の特徴を考慮した段階的な情報管理の活動が適宜行われることによって、意思決定の品質が高まる。

5)：複数の農地や圃場を面的にまとめることを示す。

ながる要因を模索している。

畑作経営において用いられる主な農業機械は、トラクターとコンバインであり、大型の農業機械が中心である（**表２－３**）。トラクターはGPS自動操舵を装着しており、操作に不慣れな若い従業員も、正しい操作方法を早期に習得できる。乾燥機は９基を備えており、また、2022年に新しく建設した北海道十勝ポップコーンファクトリーの低温保管庫は大きな貯蔵規模（1,300t）を特徴としている。

４）組織体制

つぎに、前田農産食品の組織体制を**表２－４**と**図２－３**に示した。2024年度の時点で、スタッフは役員２名、従業員12名、パート４名の合計18名である。役員は、茂雄氏と常務取締役の前田晶子氏（茂雄氏の妻）であり、晶子氏も東京農業大学の卒業生である。部門は農産部門、食品加工部門、総務・経理に分かれており、茂雄氏が代表取締役として全体を総括している。農産部門は、茂雄氏、従業員４名、パート１名で構成されており、勤続歴14年目と最も長い従業員１名がリーダーを担っている。その他の従業員は、５年目、２年目、１年目である。晶子氏が食品加工部門ならびに総務・経理を管理している。総務・経理部門には販売・データ管理があり、営業販売を担当する従業員を2024年度から新規雇用した。このことについて、茂雄氏は、自社のポップコーンを購入する一般消費者のニーズや消費の実態をより詳細に把握するためと述べている。なお、前田農産食品には、前田氏夫婦を含め４名の東京農業大学の卒業生が従事している。

表２－３　主要農業機械と設備（2024年）

主要機械	詳細事項
トラクター	計６台 100未満の馬力２台、100以上～120未満の馬力２台、150以上～160未満の馬力２台
コンバイン	計２台（230馬力１台、260ば馬力１台）
乾燥機（張込量）	９基（総張込量：105t） ５基（各基の張込量：5t）、４基（各基の張込量：20t）
保管出荷設備	低温保管庫４棟（計1,300t）、サイロ２基（100t）
ICT設備	GPS自動操舵、情報管理システム

出所：前田農産食品提供資料および筆者のインタビュー調査による

表２－４　前田農産食品の組織体制（2024年）

常勤役員（代表取締役含む）	２名
従業員	12名（農産部門４名、食品加工部門３名、総務･経理３名、販売･データ管理２名）
パート	４名（農産部門１名、食品加工部門３名）

出所：前田農産食品提供資料および筆者のインタビュー調査による

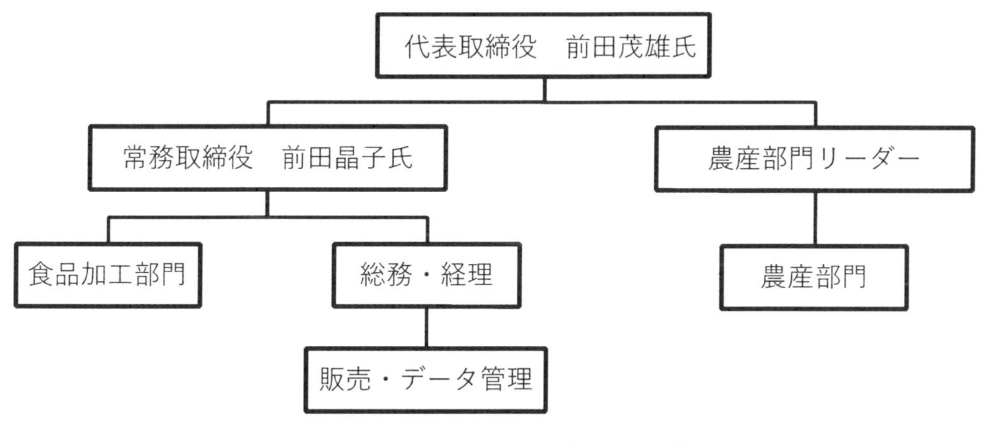

図２－３　前田農産食品の組織図

出所：前田農産食品提供資料および筆者のインタビュー調査による

4．前田農産食品株式会社のICTツールと情報管理

1）ICTツール

前田農産食品は、情報共有を目的としたICTツールを利活用してきた **(表２－５)**。導入してきたICTツールは、1）ソーシャルネットワークサービス（利用期間:2013年～2016年)、2）日報アプリケーション（2016年～2018年)、3）**顧客関係管理**[6]ツール（2019年～現在)、4）**農業経営情報システム**[7]（2024年1月～現在)、5）時間管理ウェブアプリケーション（2024年4月～現在)、6）コミュニケーションソフトウェア（2024年4月～現在）である。ソーシャルネットワークサービスは、現在も使用しているが、主に社外への情報発信や広報を目的としたものである。

上記のように、情報共有を行うために、多様なツールを導入し、現在は4種のツールを用いている。その理由は3つに大別される。第1に、従業員を雇用することにより、情報共有の必要性が増してきたこと、第2に、経営耕地面積の拡大により、圃場枚数が多くなったこと、第3に、前田農産食品の経営管理に適した市販のICTツールがないことである。第1と第2の理由は、**経営規模の増大**[8]と関連する。従業員数の増加は属人的情報の増加を示しており、圃場枚数の増加は、圃場に属する情報の増加を示す。経営規模の増加に伴って、管理すべき情報が増加しながら分散するため、情報共有が顕著な課題となる。

なお、4種のツールの利用者とその目的は異なっている。そのうち、顧客関係管理ツールはポップコーンの販売管理のために導入・利用されており、利用者は役員2名の他、食品加工部門と総務・経理担当の従業員である。そして、農業経営情報システムは生産管理を目的としており、農産部門担当

6)：顧客関係管理とは、Customer relationship management（CRM）の和訳であり、顧客それぞれの詳細情報と顧客との「タッチポイント（接点)」を入念に管理し、ロイヤルティを最大化するプロセスである（コトラーら、2022、p.701)。

7)：農業経営情報システムは、Farm management information system (FMIS) の和訳であり、スマート農業技術の主要技術の1つである（Kernecker et al., 2020)。FMISは経営情報システムの1種とも捉えられ、データや情報のライフサイクル（生成、整理、保持、利用、廃棄）を適宜管理することで、農業経営の生産管理に関わる意思決定を支援する情報システムである。

8)：経営規模拡大の捉え方には、経営の土地面積、常備労働力、投下資本の大きさ、年総費用額、経営の年間粗売上額や粗収益額などがある。本章では、経営耕地面積と常備労働力数から捉えている。

表２－５　ICT ツールの利用概況

システム	ソーシャルネットワークサービス	日報アプリケーション	顧客関係管理ツール	農業経営情報システム	時間管理ウェブアプリケーション	コミュニケーションソフトウェア
システム提供企業	M 社、米国	G 社、日本	S 社、米国	W 社、日本	G 社、米国	G 社、米国
利用期間	2013 年～2016 年	2016 年～2018 年	2019 年～現在	2024 年１月～現在	2024 年４月～現在	2024 年４月～現在
利用者	全員	全員	食品加工部門、総務・経理	農産部門	全員	全員

出所：前田農産食品提供資料および筆者のインタビュー調査による

の従業員が利用している。農業経営情報システム導入の背景について、顧客関係管理ツールは生産管理を目的としたツールではないため、圃場別の作業実績データの管理と共有に不便があったと茂雄氏は述べている。また、農業経営情報システムは安価であり、記号･文字のデータのみならず、画像データも圃場別に記録できることが利点としてあげられている。

一般に、新たな ICT ツールを導入、利活用することについて、一部の従業員は使用に対する抵抗感を示す。前田農産食品の農産部門の従業員は、農作業関連情報の収集と入力について、抵抗感をあらわしていないが、勤続年数の長い従業員は日々の作業を農業経営情報システムに入力することについて抵抗感があり、慣れていない。

なお、導入している農業経営情報システムは、PC、タブレット、スマートフォンからアクセスすることができる。この情報システムは複数の機能を支援しており、具体的には、1）圃場別の作業実績の入力と保存、2）圃場別の支出と収入の算出、3）圃場とロット別のトレーサビリティ、4）品質管理、5）帳票作成、6）計画作成、7）機械別の平均稼働時間の算出、8）作業者別の平均労働時間の算出などである。

２）情報管理

つぎに、前田農産食品の農産部門における**情報管理の活動**[9]を概観する（**表２－６**）。情報管理の活動は、大きく情報収集、整理、処理（分析）、保持（維持）、共有に区分される。

まず、情報収集は事業と関連する情報を体系的に収集する活動である。農産部門においては、収集する情報とその担当者が定められている。農業経営情報システムを導入する前から、多様な ICT ツールを導入、利活用してきた背景から、従業員は ICT ツールを用いて様々な情報を収集することに、慣れていることが伺える。農産部門において収集されている農作業関連情報は、**表２－７**に示す。とくに、作業時間の収集については、農業経営情報システムの導入前には、作業実績は「午前と午後」に分けられて記録されていたが、導入後、時間単位（例えば、9 時から 10 時まで）でより精度の高い情報として収集されていることが特徴である。また、これらの情報は、作業実地日ごと、圃場ごとに収集されており、農作業担当者が、農業経営情報システムに記録している。ただし、正規雇用ではないパートや１日単位のアルバイトの農作業記録は、従業員が代理で入力している。これにより、茂

9)：情報管理の水準は、幅と深さの２側面から評価できる。本章では、Absorptive capacity（吸収能力）と情報探索研究に用いられる外部情報探索の知見をもとに、14 項目の情報を対象にした収集有無から幅を評価、農業経営が生産管理において依存する情報管理活動の水準から深さを定性的に評価することを、試みた。

雄氏は、情報管理の収集活動において、情報の完全性を保つよう努めている。ただし、収集した情報に誤りがないかの再確認は、定期的に行われておらず、利用時に不正確な情報が存在することに気づく場合があると、茂雄氏は述べている。

情報整理活動には、適切な可用性のための情報牽引付けおよび分類、部門間のデータベースの連結などが含まれる。農産部門においては、収集した情報を定められた保管場所に保存、整理している。農産部門の担当者間で農業経営情報システムなどを含むICTツールや棚などの保管場所を共有しており、必要に応じてその保管先にアクセスして情報を閲覧できる環境が整備されている。農業経営情報システムや顧客関係管理ツールなどは、システム上の機能として、「牽引作成（インデクシング）」と「分類（フィルタリング）」の機能がある。この機能により、大量の情報が保存されている情報システムから、利用者（従業員など）の目的に沿った情報のみを表示する情報検索の利便性が大いに高

表2－6　実践されている情報管理活動

情報収集
収集、記録すべき情報の決定
収集、記録責任者の決定
情報整理
必要な情報へ迅速、容易にアクセスできるための保管先の決定と保証
適切な情報利活用を保証する情報の牽引作成と分類
情報処理
現場担当者や経営内の成員がわかりやすいように集計、変換された生産情報をアレンジして提供
情報保持
情報を定期的に更新することで現在性を維持
情報共有
朝礼や夕礼などで公式的に生産活動の情報を成員の間で共有
朝礼や夕礼以外に日常的に生産活動の情報を成員の間で共有
情報共有を目的とする定期的な会合の設け

出所：前田農産食品提供資料および筆者のインタビュー調査による

表2－7　記録される農作業関連情報の項目

1）耕作圃場の位置，面積の一覧	2）作業計画
3）耕地圃場の作付作物・品種	4）作業時間（実績）
5）資材（農薬・肥料）の在庫量	6）資材（農薬・肥料）の散布量（実績）
7）種子の必要量	8）収量
9）生育状況（NDVIなど）	10）種まきの進捗状況
11）収穫の進捗状況	12）土壌の状況
13）農地情報	14）圃場特性（深い箇所，水捌けなど）

出所：前田農産食品提供資料および筆者のインタビュー調査による

まっている。

情報整理活動の一例として、圃場に一定の規則にもとづいた番号を付与して管理することがあげられる。茂雄氏は、従業員を雇用し始めた時期から、圃場に番号を付与して管理してきた。従来は、「中学校の横の圃場」などの圃場名で圃場は管理されていた。しかし、現在では、24 圃場が７ブロックに分かれていることから、ブロック別の圃場番号を「○△」のように十桁数字で表記しており、「○」はブロック番号、「△」は圃場番号に該当する。例えば、「73」は、ブロック７の３番目の圃場を表す。この圃場管理により、圃場番号を用いた円滑な作業指示と農産部門の作業担当者間の情報共有の利便性が達成されている。とくに、新規に雇用される従業員は、自社圃場の位置を間違えることに多く直面するが、農業経営情報システムも用いて圃場番号と位置を照らし合わせることで、誤りなく作業を遂行することができる。この圃場管理方式は、流動性が高い借地が多く、従業員を雇用している農業経営では多くみられる。

情報処理は、成員らが意思決定のための有用な知識を創出できるように情報源にアクセスし、積極的に分析に関与できるように支援する活動からなる。農産部門においては、全社員が収集および整理された情報を分析している。とくに、後述する２月に行われる改善の会合における作業の振り返りや、収量向上を目標とする見直しは、多様な農作業関連情報にもとづいていることが特徴である。

情報保持は、同一の情報を再収集することを防止するための既存の情報を再利用、最新状態の**情報品質**[10)]を保つためのデータベースの更新活動が含まれる。農産部門においては、諸情報の収集継続の有無を定期的に検討しているわけではなく、茂雄氏は多様な情報を収集することを重視している。また、日々の生産活動に伴う実績は農業経営情報システムに記録されていることから、自動的に更新され、情報の現在性は保たれている。すなわち、高品質の情報が管理されている。

情報共有活動について、全員が主導的に生産活動の情報を共有している。主に朝礼や夕礼、休憩時間において、農産部門の担当者間で情報共有が行われる。また、農業経営情報システムの利用が情報共有を支援している。興味深い点は、ICT ツールの導入にも関わらず、コミュニケーションの総量には大きな変化がなく、その内容に変化が生じた点である。一般に、情報共有を目的とした ICT ツールの導入は、社内のコミュニケーション量の減少につながると想定される。しかし、前田農産食品株式会社においては、コミュニケーションの総量は変化せず、その内容が変化していた。具体的には、作業計画・実績、在庫・受発注などの情報は、ICT ツールから確認できるようになり、これらの情報を対面コミュニケーションで共有することは減少していた。一方、記録・保存された諸データや情報をもとに、改善にむけたコミュニケーションが増加していた。

３）情報にもとづいた経営改善の特色

農業経営が継続的に成長していくためには、**改善活動**[11)]は不可欠である。ポップコーンを栽培し始めてからの４年間の試行錯誤も改善活動の一環といえる。そうした中、前田農産食品の改善活動は、

10)：情報品質は、正確性、完全性、現在性、形式などの次元から評価できる。高い情報品質は、情報利活用の促進につながることが、既往研究から明らかになっている（例えば、Delone & McLean, 1992, 2003）。

11)：改善（カイゼン）活動は、現場の従業員から経営者まで参加する全社的活動であり、管理活動（生産、加工、販売管理の活動など）の標準水準を維持・向上することを継続的に達成するための活動である（今井、2011：pp.24-26）。現場で実施される各種の作業の安定的な遂行結果のために標準化も重要であるが、その水準を向上させることも重要である。標準化された活動方式の効率性を向上させるためには、計画と過去実績の比較分析を行い、修正または発展できる管理の把握、次期の活動に反映させることで、漸進的に変化させていく活動が重要である。このように、包括的な活動である改善は、経営成果を規定する要因として重要視されている。

「トヨタ現場改善」（2022年より）を取り入れたことが特徴である。「トヨタ現場改善」は、トヨタ生産方式で農業**現場**[12]を継続的に改善していく活動を示している。具体的には、トヨタ生産方式の学び、朝礼・夕礼の仕組み化、2S（整理・整頓）の実践**（写真２―２）**、ホワイトボードを用いた情報の見える化**（写真２―３）**、改善すべき課題の見える化、課題解決につながる小集団活動などが改善活動である。

朝礼・夕礼の仕組み化では、農産部門の担当者の全員が各回を担当することになっている。それにより、全員が各担当の内容のみならず、全体の作業を理解できることにつながる。朝礼（所要時間10分）では、ICTツールを閲覧しつつ、挨拶、天気確認、食品加工部門の情報の確認、作業予定確認、連絡事項、5分清掃が行われる。夕礼（所要時間15分）では、体調確認、ゴミや使用道具の確認、実績報告（この際に、農業経営情報システムに実績が入力される）、翌日以降の天気確認、食品加工部門の情報の確認、翌日作業計画の共有が行われる。

改善すべき課題の見える化は、ICTツールを利活用し、社内で行われる活動をデータや情報として、収集、記録、整理することにより、達成されていた。課題は、1）短期に改善できる内容と、2）中長期的に改善すべき内容に大別され、その内容に応じて、小集団活動が実施されている。1）作業の振り返りや見直しを目的とした小集団活動は、月1回の頻度で開催され、2）農閑期である2月にはその年度の全体的な改善を目的とした小集団活動が設けられていた。月1回の小集団活動は、ICTツール（主に顧客関係管理ツール）に全員が自由に改善すべき事項（問題）を記載・共有しており、この改善活動を「もやもや改善」と称している。これらの事項は比較的少ない努力で改善できるものが多い。

一方、年度の振り返りを目的とした2月の小集団活動は、次年度に向けた全社的な改善活動である。ここでは、当該年度と過去年度の1）作業実績・収量などの農業生産に関わる情報のみならず、2）ポップコーン加工部門や3）販売に関わる情報とその分析結果にもとづいた改善が中心に行われる。先述した圃場別、作業内容別の実績を時間単位で記録することといった収集される情報の精度が高まることにより、圃場別の費用を算出できる。そして、圃場別の収量や販売単価などの情報とあわせて、圃場単位の収益を算出することができ、圃場間の成果指標の分析が可能になる。これらの分析結果をもとに、茂雄氏は、成果指標が低い圃場への原因を、農業経営情報システムの履歴や従業員とのコミュニケーションを通じて特定し、改善に向けた取組みを進めることができると述べている。この一連の

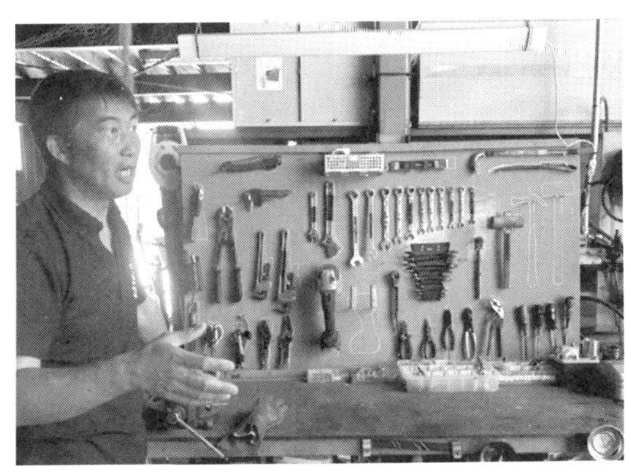

写真２―２　整理・整頓の実態

出所：筆者撮影

写真２―３　情報の見える化

出所：筆者撮影

12）：現場とは、「実際に活動が行われる場所」（今井、2011：p.38）であり、本章では圃場や乾燥施設などの物理的な空間を示す。

活動が、データ・情報駆動型の農業経営の姿であるといえる。

5．まとめ

本章では、本別町にて大規模に畑作経営を行っている前田農産食品の経営概況、スマート農業技術、データ・情報管理について触れた。前田農産食品は、1899 年の入植後、4 代にわたるファミリービジネスであり、各世代で展開してきた事業が異なる。とくに、先代と茂雄氏はポップコーン栽培と販売を新たに事業として展開してきた。規模拡大に応じて、従業員を雇用し始め、また、スマート農業技術を導入してきた。茂雄氏は、スマート農業を「GPS などの先端技術を導入することで、従来の作業がより正確に行われ、経験の少ない作業者でも代替が容易になる。そして、効率化を図るだけでなく、規模拡大や付加価値の高い製品やサービスの生産に時間を充てることが可能になる」と定義している。その中で、前田農産食品は ICT ツールとしてさまざまなツールを導入し、現在は 4 種を利活用している。データ・情報管理では、幅広い情報を収集しており、ICT ツールの導入により、収集する情報の精度が高まっている。収集した情報は一定の規則にもとづいて整理、目的に応じた分析が行われている。一般に、データ・情報管理による効果は、長期的な側面が多く、多くの農業経営者は、その管理を行うことに疑問を抱く。しかし、茂雄氏は、短期的な効果を見出すことで、データ・情報管理の必要性を全社的に埋め込むことを強調している。これまでの ICT ツールの利活用経験をもとに、今後は、農業経営情報システムの積極的な利活用が期待される。また、精度の高い情報管理と、それにもとづく改善活動が定期的に実施されることで、常に改善し続ける成長が期待される。

【参考情報】

東京農大経営者フォーラム 2023 東京農大経営者大賞受賞記念講演
前田農産食品株式会社代表取締役　前田茂雄氏

北海道の十勝で農業をやっております前田農産食品の前田といいます。経営者大賞をいただきまして、すごくびっくりしています。また、関係の皆様にも感謝いたします。私は農業経済学科卒業生ですが、学生の頃と全然違う雰囲気の大学になって、すごくいい会場でお話をさせていただけるので非常に光栄に思います。今日は今までを振り返りながら、皆さんに何か一つ残せたらと思いまして講演させていただきます。

農大在学中は、卒論で十勝の農業は今後どうなるんだろうと勉強して、３つのことを提言しました。１つは農民が自分たちの生産物を粗原料として安く市場に提供するのではなく、できるだけ付加価値を高めて販売するために、産地で加工するべきだ。それが今の小麦粉とポップコーン加工に繋がっています。２つ目は、労働力の減少に伴う機械などの新技術をどう使うかということです。そして３つ目は、生産者からの情報公開によって消費者にアピールすることも農業の見直しにつながるのではないか。これらは未来へのことだまとして、今まさに実践していると思います。

農大卒業後はアメリカに行きました。まずテキサス A&M に入って、それから半年間アイオワ州立大学に行きました。向こうの大学は農業者の息子・娘がかなり入っていまして、農業に熱いことがわかったのと、当時は400haぐらいがアイオワ農業の大規模経営でしたが、それでも経営は厳しい。一学期のうちに40人のクラスのうち８人が授業料を払えなくて辞めていくという、そういう現状を認識しまして、日本の農業と何か違うと感じました。

会社の経営理念である「私たちはお客様と共に種をまき、共に育ち、わくわく感動農業を実践します」を社員たちにも伝えています。一番重視しているのは実践で、まさに実学ありきです。140haの畑で５品種の小麦を栽培していますが、我々が何か提案できるとすれば、品種をいろいろ踏まえることだろうと思います。そうすることによって、いろんなパンが出来上がり、我々のお客様、パン屋さんもその先のお客さんも喜んでくれるかなと思いました。

また、前田農産がある本別町の人口は6,000人ぐらいで、20年後には3,000人になります。さらに問題なのは、15歳から65歳までの生産人口が3分の1に減ってしまう。町には農地が1万haあるので、今は農家が260戸ありますが、それを100戸でやるとしたら全員が100haやらなければどこかに耕作放棄地が出てきてしまうことになります。

そこで重要になるのが生産性のアップです。農地の集約とか規模拡大、ロボット化を進める。それから、仕事を誰でも取り組みやすいように「仕組み化」をする。さらに付加価値化していく。地域資源の付加価値を上げていく際に問題になるのは、北海道には農閑期があることです。12月から３月までの何もできない期間を有効に使いたい。それから輸出を含めたマーケットの開拓ということで、一番重要なのは持続性ある農と食の人作りです。何を知っているかよりも誰を知っているかが我々のビジネスにおいても非常に重要になっています。これが農大のネットワークからも出来あがってきました。

効率化についてはGPSがあります。十勝の農業者は、GPSを使いながら自動運転をしているのが現状です。皆さんも、車の免許さえ持っていれば、トラクターはすぐに乗れる状態です。それから、トラクターの上にレーザービーム発生装置が付いています。これで葉緑素を測定して小麦の生育ステージを見て、肥料が少ないところには多くあげよう、多いところは肥料を減らそうという可変施肥を実行しています。これで、タンパク10%といった同じ品質のものを収穫できます。そして、顧客のパン屋さんやお菓子屋さんから声をいただく際、今回のロットは何か変だったと言われれば、それが現場の数値に反映させられます。

仕組み化については、Global G.A.P認証を取得しました。GAPとはGood Agricultural Practiceという農業の生産工程管理のことです。工場にはHACCP認証、トヨタの改善も入れています。GAPは、誰が来てもわかりやすいような配置や配色をして、整理整頓しながら作業工程管理をやっていく仕組みづくりです。改善活動の一例として、改善前は口頭で担当者に資材の発注依頼をしていたのが、今はシールを使う形にして発注忘れを防止して、その時々の状況もボードでわかるようにしました。これで発注に関する不安を解消することができ、スタッフ１人１人が責任を持って在庫管理できるようになりました。また、大人になっても勉強しないといけないので、地元の中小企業家同友会農業経営部会に入らせてもらって、新技術や法人化などを学んでいます。

北海道農業の課題解決に向けた活動の一環として、北海道小麦キャンプや麦人チェーン、ベーカリーキャンプといった、小麦の育種から生産、加工、流通、販売の関係者がネットワークを作ったり、バリューチェーンを学ぶイベントを開催しています。参加者には東京農大生や地元の子供達などもいます。インターンシップも受け入れています。フォークリフトの免許があれば､うちで仕事ができます。変わったところでは、ミステリーサークルアートや、本別町開町111周年記念でチャレンジした日本一長い111mのピザ､ギネス記録にもなった16,500枚の10センチ角のトーストを使ったトーストアートなどにも取り組みました。

それからスマート農業でやったのが令和元年のひまわり迷路5haです。これはGPSの中にCGを入れて作ったものです。ひまわりのジャングルにトラクターで突っ込んで作りましたが、これを技術的にできる素晴らしさと、あとは帯広市からチャーターしたゾンビ6人を畑の中に放って、キャーキャー言って遊んでもらうということをやりました。

たくさんのイベントをやってきましたが、うちはイベント屋ではないので、冬の農閑期にどうするの、と始めたのがポップコーンです。2013年5月19日に種をまいて、忘れもしない11月29日に収穫しました。すると､「世界一まずい」ポップコーンができたんです。当時の社員に､1年間一生懸命作ってきたのにどうしてこんなまずいものができたんですかと言われました。霜に当たったことも原因です。

なぜやるのかといったら雇用を維持したいからです。社員のためにやりたい。でも大失敗でした。それで行ったのがアメリカです。ポップコーンイコールアメリカですよね。そのアメリカ人がどうやって作っているのか、サウスダコタのポップコーン農場のGaylenさんに、ググって見つけて会いに行きました。

そこで尋ねられたのが、種子をどうするのか。我々には霜の問題もありました。十勝に合うポップな品種を求めて、現地で研修もさせてもらって、実際に色つや･水分･硬さ･においを現物で研修して、コンバインの調整やロス率なども勉強しました。そして、2014年も世界で2番目に美味しくないポップコーンができました。また、USの方は綺麗なのに我々のものは傷だらけです。どうしてこうなったかを考えて導入したのが次の技術です。

まず積算温度が北海道では足りなかったので、生分解性のマルチを入れました。また、収穫されたポップコーンと小麦の規格外の粒を混ぜてゆっくり乾燥させることで傷を防ぎました。それから、DIYで工場を作りました。イニシャルコストを下げるためです。そうしてできたのが写真の商品です。農大生協にも置いてあります。作り方は簡単で、電子レンジの500Wで2分20秒から30秒で出来立てのポップコーンができます。この商品は北海道知事賞をいただいて､昨年（2022年）10月には、日本政策金融公庫さんに融資いただいて、新工場十勝ポップコーンファクトリーを開設しました。

今はキャラメル味も出させていただいて、カルディ、Amazonでも扱っていただいています。今後は、信州わさび、紀州うめかつお、博多明太子などのジャパンテイストのフレーバーを展開していけたらと思っています。最大の市場はやはりアメリカです。アメリカ人は1人当たり40ℓぐらい食べていることがわかりましたので、そこを目指します。

うちには3つの課題があると思います。第1に、人を活かす経営ということで全員で経営していきたい。第2に、ポップコーンをどう活かすか。第3は、ビートが温暖化もあって今年も史上最低の糖分になりました。そこで次のX作物を探すのが経営課題としてあります。

歴史を振り返ると、岡山と富山から開拓で入植して、神社･お寺･小学校の用地などまち作りのファウンデーション（基礎）を作ったのが初代です。2代目、私の祖父母は、馬鈴薯でん粉工場を始めました。8月から収穫をして2月ぐらいまででん粉工場を操業しました。当時はノウハウも電気もなく、冬の過酷な状況の中でやってくれました。両親はすでに亡くなっていますが、3代目の父は、農大の経済学科を卒業して、農地の拡大と基盤整備をやってくれました。私が経営移譲したときには畑が整備してありました。また、トウモロコシ3万坪迷路という町おこしのメンバーでもあります。

ダーウィンは、最後に残るやつは変化するやつだと言っています。我々も変なやつの方がいいんじゃないかと思っています。農業者向けの奨学金制度である「ナフィールドジャパン」を紹介します。出会いは2015年で、7カ国ぐらいの農業者たちが訪ねてきました。聞くと、旅をしていると。何故旅をしているのかを言えば見聞を広めるためだと。それは役に立つの？と思いましたが、奨学金をもらって現役の農業者が旅をしていることに非常に興味を持って、2016年に日本人で初めて、アイルランドで行われた国際会議に出ました。そこで80名の熱い農業者たちに会って、これは日本にも広めるべきだと思いました。例えば、オーストラリアやニュージーランドは農業補助金がないんですが、なぜ彼らが強いのか。国がでかく、生産力もあるがそれだけではない。それは、民間の産業界が農業人を育てるのに投資をしていることです。日本は国や行政、あるいは農協のイメージですが、そうではなくスーパー、食品会社、銀行も含めて投資家が投資をしてくれています。

ナフィールドのプログラムは4つあります。CSCという毎年のカンファレンス。GFPという世界各国の農業者が集まって4週間連続で旅をするもの。それから個人トラベル、これに採用されるために自分の課題を明確化し、課題解決するために世界を訪ねる形になっています。あとはファイナルレポートです。

2019年には浅井農園の浅井さん、くしまアオイファームの奈良迫さんと一般社団法人ナフィールドジャパンを作りました。皆さんの中に、将来農業をやる人がいれば、3年経てばおそらく課題が見えてくると思います。そのときに自分の情熱と行動力がある人が候補になります。日本では今のところ、京都の九条ねぎ生産者、広島で放牧酪農に挑戦している方、愛媛で餌の自給畜産にチャレンジしている方、北海道でブドウのブランド化に挑戦している方の5名が、奨学生として頑張ってくれています。

このように、GFPで農場で海外から受け入れを行って、我々も向こう側に行って情報交換してこようという形になっています。世界中に農業者ネットワークを作るのは何のためか。今日の会議もそうです。私が先輩だとすれば、先輩から知見をもらって、自分の将来にどう生かそうかを考える機会だと思うので、そういったものを日本の農業者の中にも作りたいということでやってきています。Learn from others and make difference と Feel global and act local。他から学んで、違いを知って、日本らしいものにしていくのは、やはり違いを感じて、それから現地で我々が現物を生産する。それを国際的な感覚を持ってやろうという形でやっています。

最後に、建学の祖・榎本武揚氏の言葉「冒険は最良の師である」とは非常にいい言葉だと思います。「未知なるものにひるまず困難に立ち向かって進むことこそが、目標に到達する道であり、人としての成長にとって最良である」と。好きなことばかりやらず、居心地の良い場所ばかり選ばず、気の良い友達ばかりを作らず、他人ごとや社会に無関心を決め込まず、嫌なことでもあえて挑戦し、自由のきかない場所にも乗り込んでいき、世話の焼ける友達を作り、社会の理不尽には怒れ、といったことに、我々の中に農大魂のような何かを感じながら今日この場に立てたのは、非常に感慨深いです。ここにいる学生の方々はこれからの世代ですので、こういうチャンスメイクを、農大生や他の先輩もやってくれているはずなので、ぜひ利用して、学生生活を有意義なものにしていただきたいと思っています。今回の経営者大賞、本当に名誉ある賞をいただきまして感謝しております。ありがとうございました。

【参考文献・ウェブページ】

［１］今井正明 (2011)『カイゼン：日本企業が国際競争で成功した経営ノウハウ』東京：マグロウヒル・エデュケーション.

［２］フィリップ・コトラー、ケビン・レーン・ケラー・アレクサンダー・チェルネフ（2022）『コトラー＆ケラー＆チェルネフマーケティング・マネジメント』東京：丸善出版.

［３］DeLone, W. H., & McLean, E. R. (1992) Information systems success: The quest for the dependent variable. *Information Systems Research, 3*(1), pp.60-95.

［４］DeLone, W. H., & McLean, E. R. (2003) The DeLone and McLean model of information systems success: a ten-year update. *Journal of Management Information Systems, 19*(4), pp.9-30.

［５］Detlor, B. (2010) Information management. *International Journal of Information Management, 30*(2),pp.103-108.

［６］Kernecker, M., Knierim, A., Wurbs, A., Kraus, T., & Borges, F. (2020) Experience versus expectation: Farmers' perceptions of smart farming technologies for cropping systems across Europe. *Precision Agriculture, 21*, pp.34-50.

［７］Rowley, J.(2007) The wisdom hierarchy: representations of the DIKW hierarchy. *Journal of information science, 33*(2), pp.163-180.

［８］Wolfert, S., Ge, L., Verdouw, C., & Bogaardt, M. J. (2017) Big data in smart farming–a review. *Agricultural systems, 153*, pp.69-80.

第3章

両利き経営によるイノベーションの実現

－「探索」を実践する宮川洋蘭・宮川将人氏の取組み－

犬田剛・半杭真一

有限会社　宮川洋蘭

https://www.livingorchid.com/

1．はじめに

洋ランは、その美しさと高級感から、日本国内において冠婚葬祭の場を彩る花として広く利用されている。洋ラン（鉢物）の産出額は、花きの中で、キクに次ぐ規模を誇り、特に贈答用としての需要が高い。しかし、洋ラン経営は高い収益性を持つ一方で、栽培に適した環境の維持や綿密な作付計画、コスト管理など、多くの課題に直面している。

そうした中、有限会社宮川洋蘭（以下、「宮川洋蘭」という）は、2007年という比較的早い段階で、洋ランのインターネット販売を開始し、パーソナルギフトとしての市場を創造するなど、常に新たな事業に取り組む「探索」を実践している。

本章では、花き業界の動向を整理した上で、「探索」と「深化」という２つをバランスよく実施する宮川洋蘭の経営展開について、両利き経営理論に触れながら解説していく。

写真３－１　宮川洋蘭の施設内と従業員

出所：宮川洋蘭ホームページ

2．花き業界の動向

1）花きの類別

花き[1)]は、生け花や盆栽、庭園、結婚式や葬式などの冠婚葬祭、プレゼントなどに使われており、日本の文化・生活に深く関わっている。そのため、花きは、用途・目的によって多くの類別が生産・販売されている **（表3-1）**。このうち洋ランは鉢もの類に位置づけられる。

1）：「花きの振興に関する法律」（平成26年法律第102号）において、「花き」（かき）とは、「鑑賞の用に供される植物をいう」と定義されている。

表3－1　花きの類別と主な品目

類別	主な品目
切り花類	切り花（キク、バラ、カーネーション等）、切り葉（ヤシの葉等）、切り枝（サクラ等）
鉢もの類	シクラメン、ラン、観葉植物、盆栽等
花木類	ツツジ等庭木に使われる木本性植物で緑化木を含む（鉢ものを除く）
球根類	チューリップ、ユリ等
花壇用苗もの類	パンジー、ペチュニア等
芝類	造園用等養成されているもの
地被植物類	ササ、ツル類等地面や壁面の被覆に供するもの

出所：農林水産省（2023）『花きの現状について』より作成
注：食用に供されるものを除く。「山野草」（野外に自生する草本、低木及び小低木の一部等）、「林木」（スギ、ヒノキ、アカマツ、クロマツ、カラマツ等）について、明確な規定はないが、鑑賞用に仕立てをして栽培されているものは花きとされる

また、5月の母の日のカーネーションやバラ、お盆に仏壇やお墓に供える仏花としてのキクやスターチスなど花き需要は時期により偏りがある。そのため、花き生産者は、その需要に対応して出荷できるよう栽培管理等を徹底することが求められる。

2）花きの市場規模と生産状況

2022年の花きの産出額は、3,493億円となっており、農業総産出額に占める割合は3.9％である。花きは、1960年代の高度成長期に需要が増加しているが、大きな転換点となったのは、1990年に大阪府で開催された**「国際花と緑の博覧会」**[2)]とされる。博覧会の開催以後、多くのマスメディアでガーデニングに関する情報発信がなされた。このことをきっかけに、**ガーデニングブーム**[3)]が起こり、花きの産出額は増加している。しかし、その後の景気低迷の影響もあり、1998年の4,734億円をピークに産出額は減少傾向にある。

直近では、2020年の新型コロナウイルス感染拡大によるイベント需要の減少等により、産出額は大きく減少している。その後、イベント需要の高まり等を受け、2021年度以降、切り花を中心に価格が上昇に転じたことで、花きの産出額は2年連続で増加している**（図3-1）**。また、花きの類別に産出額をみると、キクを中心とした切り花類が1,952億円（構成割合55.5％）を占め、次いで、洋ランが含まれる鉢もの類が950億円（同27.0％）、花壇用苗もの類323億円（同9.2％）の順に多い。

次に主要な花き類別の作付面積は、1990年代にガーデニングブームで需要が増加した花壇用苗の作付面積が急増している**（図3-2）**。その後、2000年前後をピークとして、切り花を中心に作付面積は減少傾向にある。ただし、洋ランが含まれる鉢物は、切り花と比較してその減少は緩やかに推移している。

2)：国際博覧会条約に基づく特別博覧会で、東洋で初めて開催された。1990年4月1日～9月30日の期間で開催され、開催期間中に入場者総数約2,313万人が訪れている。なお、2027年3月には、「2027年国際園芸博覧会」（横浜）の開催が予定されている（国際花と緑の博覧会記念協会ホームページ）。

3)：日本におけるガーデニングブームは、4つのステップに分けることができるとされる。まず、萌芽期として大阪府で開催された博覧会を契機とされ、浸透期として1993年以降のマスメディアによる英国風イングリッシュガーデンに関する特集記事による情報提供により広まり、花壇苗の出荷量・作付面積が急増した。このことが、その後の普及期（1996～2000年）につながったとされる。なお、現在は、生活にガーデニングが定着した、成熟期とされ花壇苗等の出荷量・作付面積は緩やかに減少傾向にある（農林水産省「令和2年度花き産業成長・花き文化振興調査委託事業報告書」）。

作付面積の減少と同様に、花きの販売農家数も減少傾向にあり、花き生産者の年代構成は、60歳以上が約71.8%を占めるなど、今後の高齢世代の経営基盤を円滑に継承することが課題といえる。また、花きの**卸売市場経由率**[4)]は74.1%（2020年）と青果の52.2%（同年）と比較しても高いものの、減少傾向にある。

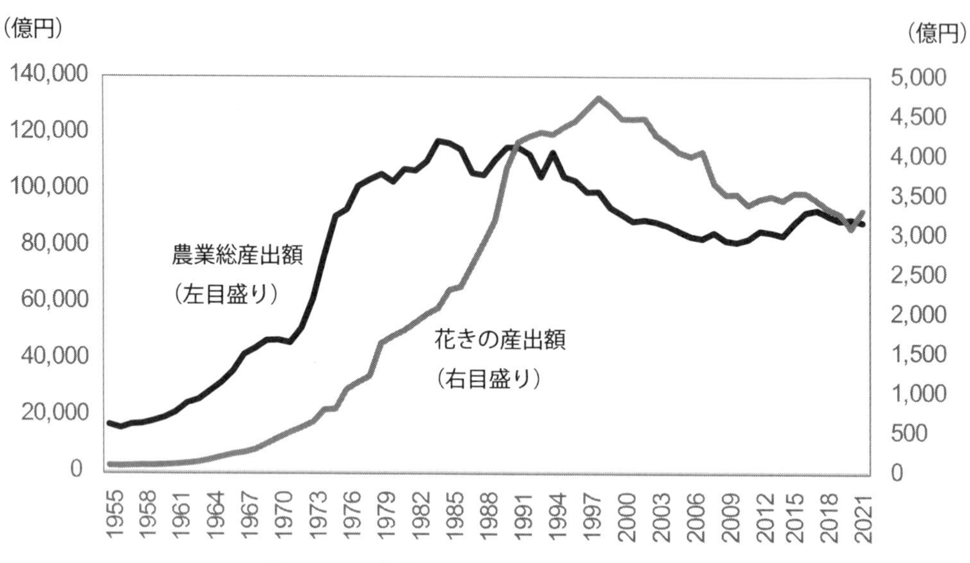

図３－１　農業総産出額と花きの産出額の推移

出所：農林水産省『生産農業所得統計』より作成

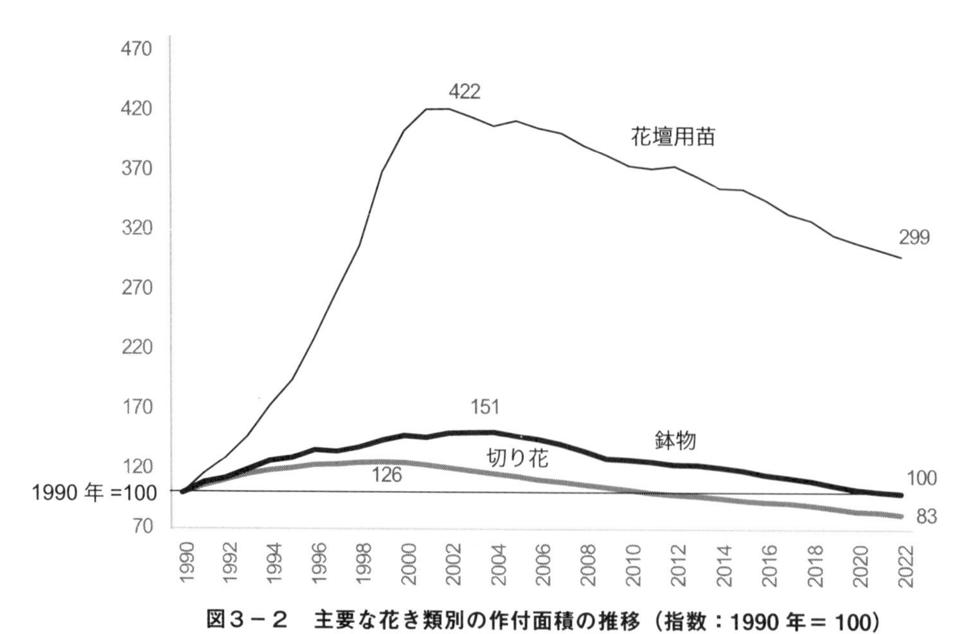

図３－２　主要な花き類別の作付面積の推移（指数：1990年＝100）

出所：農林水産省『花き生産出荷統計』より作成

注：1990年の作付面積は、切り花15,700ha、鉢物145,000ha、花壇用苗41,900haである

4)：卸売市場経由率とは、「国内で流通した加工品を含む国産及び輸入の青果、水産物等のうち、卸売市場（水産物についてはいわゆる産地市場の取扱量は除く。）を経由したものの数量割合（花きについては金額割合）の推計値」のことである（農林水産省ホームページ）。

3）花きの消費・購買の動向と特徴

家計調査の一世帯当たり年間支出金額（総世帯）によると、切り花は2002年の10,705円から2022年の7,857円へと減少傾向にある。一方で、鉢もの類である洋ランが含まれる園芸植物・用品は、2002年の8,574円から7,750円と減少傾向にあるものの、切り花と比較すると底堅く推移している。

また、国産花き生産流通強化推進協議会（2023）によると、消費者が花きを購入する場所は、花屋が76%、スーパー40%、ホームセンター25%といった店舗（対面販売）が大部分を占めているものの、ネットショップ16%や花きの**サブスクリプション**[5)]を提供する経営体が誕生するなど、新たな動きも出始めている。

一方、花きの購入時に消費者が重視する点は、自宅用では価格61.0%、花の種類44.2%、日持ち35.6%の順に高く、プレゼント用ではアレンジ・花束・ラッピングのセンス55.8%、花の種類44.0%、価格42.3%の順で高いなど、花の用途による相違点がある。

さらに、花きは野菜と比較して、農薬･肥料使用量等の栽培情報に対する関心が低い傾向にある**（図3－3）**。

4）洋ラン業界・経営の特徴

以上のように、花き業界の生産・消費の動向は厳しい状況が続いている中、洋ランを中心とした鉢物類は、底堅く推移しているといえる。この洋ランは、胡蝶蘭と呼ばれるファレノプシスを中心に、カトレア、シンビジウムなどの総称として使用されている。

洋ランは、キクなどの切り花と比較して、販売単価も高いことから、面積当たりの生産額は大きいという特徴がある（中小企業診断協会徳島支部，2007）。これは、洋ランを含む鉢もの類は、移動性に富んでいるため、限られた面積で高い収益をあげるのに適しており、資本・労働における集約栽培の可能な栽培型なためである。

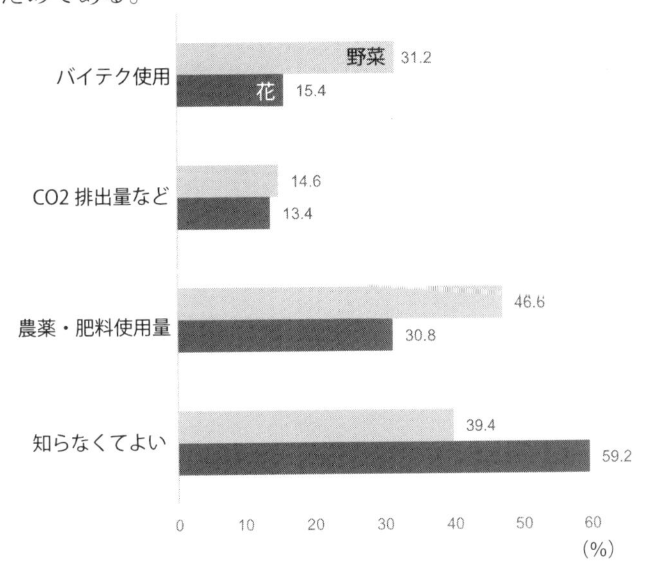

図3－3　花きと野菜の栽培情報に対するニーズ（複数回答）

出所：国産花き生産流通強化推進協議会『花の消費選好2023年報告書』より作成

---

5)：サブスクリプション（Subscription）とは、「一定の利用料を支払うことで一定の期間だけ商品やサービスが提供される（利用できる）という方式のサービスまたはビジネスモデルのこと」である。「サブスク」と略されることもある（新語時事用語辞典）。

一方、洋ランの原産国は東南アジアなどの熱帯地域であり、一般的な商品として販売するまでに3～5年程度の生育期間が必要となる。このため、日本の洋ラン生産者の多くは、台湾などの海外で生育した苗を輸入し、開花前の半年～1年程度の栽培を国内のハウスで育成する、国際**リレー栽培**[6)]を構築している。

我が国における洋ランの産地は限定的であり、最大の産地である愛知県をはじめとして上位5県で全国の出荷量の半数を占める。熊本県は全国第2位の産地であり、全国の出荷量に占めるシェアは10%である（**図3－4**）。この熊本県をリードする経営が宮川洋蘭である。

3．宮川洋蘭の経営展開と組織体制

1）地域概況

熊本県の農業産出額は全国5位であり、野菜と畜産がその多くを占めている。花きについては野菜や果樹に比べて産地化している地域は必ずしも多くはなく、生産は個別の経営によって担われているといえよう。宇城市は、熊本県の中央部に位置している。基幹産業は農業で、平坦地、中山間地域、半島地域ごとの特徴を生かした農業を展開している。なかでも、半島地域では不知火類や温州みかんをはじめとする柑橘類や鉢物類が盛んとされ、鉢物のなかでも洋ランがこの地域を特徴づけている。

宮川洋蘭の所在地であり、宇土半島の先端地区に位置する宇城市三角町戸馳は、戸馳島をその区域とする。戸馳島での洋ラン生産は、1972年に宮川政友氏（宮川将人氏の父、宮川洋蘭の前代表）が栽培を開始したことが始まりとされる。その後、1985年に政友氏が中心となって、23名の洋ラン生産者グループ「五蘭塾」を発足させている。五蘭塾とは「常に先、五年後のトレンド」を見据えて蘭を栽培していこう、という組織のモットーを名前としたものである。現在は世代交代も進み、2代目

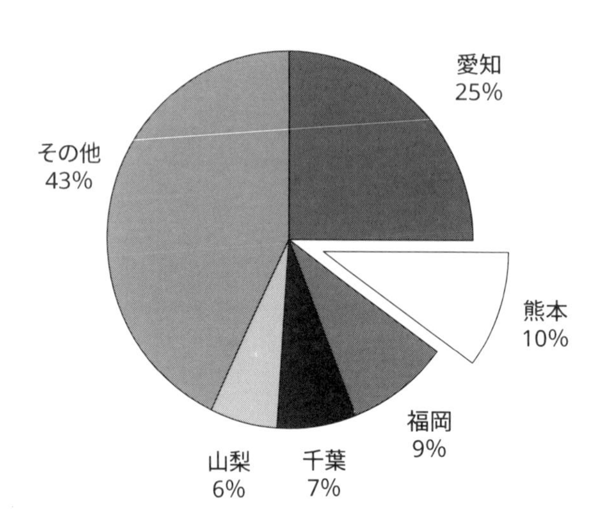

図3－4　洋ラン類の産地別出荷量

出所：農林水産省『令和4年産花き生産出荷統計』より作成

6)：リレー栽培とは、「夏は気候の涼しい高冷地で育苗し、秋に平坦地に苗を運んで商品生産を行うなど、2ヵ所以上で引継いで行う栽培様式である」（タキイ種苗ホームページ）。

世代である五蘭塾に参加している６つの農業法人の売上高は平均２億円であり、地域に100人を超える雇用を創出するなど、洋ランが地域の重要な産業として位置づけられている。戸馳島という小さな島の洋ラン栽培が、全国有数のものに成長していく過程において、宮川洋蘭はその中心にあった。

２）経営概要・沿革

宮川洋蘭の経営の沿革は、**表３－２**に示した通りである。宮川洋蘭の創業は、1948年に宮川三蔵氏（将人氏の祖父）が宇城市三角町で生け花用や球根植物といった花き生産を開始したことに始まる。

表３－２　宮川洋蘭の経営沿革

年	主な出来ごと	経営展開の方向・規模など
1948年	宮川三蔵氏（将人氏の祖父）が花き生産を開始	創業
1972年	宮川政友氏（将人氏の父）が洋ラン生産を開始	洋ラン開始
1985年	地元花き生産者23名で「五蘭塾」を結成	グループ化
1989年	全国農林水産祭にて農林水産大臣賞受賞	
1994年	有限会社宮川洋蘭を設立	従業員８名体制
1999年	全国農業コンクールにて農林水産大臣賞受賞	
2001年	栽培・出荷ハウスの増改築 宮川将人氏、東京農業大学卒業	施設面積約11,000㎡に拡大
2002年	国際園芸博覧会にて２品種が金賞受賞	
2004年	宮川将人氏が、研修先（オランダ、アメリカ等）から帰国し、就農	「リビングオーキッド」、宅配洋ラン、店舗直送ランの販売開始
2005年	台湾の育種会社と提携	新品種の国内販売開始
2006年		「洋ラン頒布会」開始
2007年	結婚を機にＷｅｂショップ・楽天市場に出店	年間売上100万円程度
2008年	デンファレ２品種がジャンパンフラワーセレクションを受賞	
2009年	花生産認証制度「ＭＰＳ」に参加	
2011年	ネットショップ「森水木のラン屋」で「洋ラン花咲く苗セット」シリーズをスタート ボトルフラワー「森のグラスブーケ」に着手	雇用増加（従業員+3名）
2015年	６次産業商品「ボトルフラワー　森のグラスブーケ」の制作施設が完成	
2016年	熊本地震発生 「花で元気100円募金」を開始 九州未来アワード準グランプリ受賞	鳥獣害対策の取組開始
2017年	九州山口ベンチャーアワードグランプリ受賞 「五蘭塾」が「花き技術・経営コンクール」で表彰 経済産業省中小企業庁「はばたく中小企業300社」に選定	
2018年	楽天市場 年間MVP「ショップオブザイヤーCSR賞」受賞 地域活動「くまもと☆農家ハンター」の活動が農林水産大臣賞を受賞	EC部門の売上が1.5億円を超える
2019年	人を大切にする経営学会主催「日本でいちばん大切にしたい会社大賞」受賞	イノＰを設立
2020年	コロナ禍で医療従事者支援 宮川将人氏が代表取締役就任（政友氏は会長へ）	県内25ヵ所の病院へ胡蝶蘭を寄付
2022年	宮川洋蘭設立50周年の集いを開催	
2023年	いちご狩り園をオープン 東京農大経営者大賞　受賞	２ヵ月で約2,000名来場

出所：宮川洋蘭提供資料および筆者のヒアリング調査による

1970年２代目の政友氏が就農した際、三蔵氏の友人から譲り受けた洋ランの栽培に関する本に感化され、試行錯誤しながら洋ランの生産を開始した。その後、政友氏は、地域で安心して働ける雇用環境を作りたいとの思いから、有限会社宮川洋蘭を設立している。また、周年出荷を目指して多品目生産に移行し、その取組みは、1999年には全国農業コンクールにて農林水産大臣賞（経営部門）を受賞するなどの評価を受けている。

現代表の将人氏は、2001年に東京農業大学農学部農学科花き園芸学研究室（現、園芸学研究室）を卒業後、オランダ国際園芸博FLORIADEの日本政府スタッフや**アメリカ農業研修プログラム（国際農業者交流協会）**[7]に参加している。米国では、世界のラン王とも呼ばれるAndy Matsui氏（Matsui Nursery Inc）の下で研修を行うなど、先進かつ大規模な経営体での栽培・経営を学んでいる。その後、2004年に帰国と同時に、宮川洋蘭に入社している。

将人氏の宮川洋蘭入社後は、アメリカの研修での学びを活かし、「家庭でも楽しめる蘭」としてミニ洋ランの生産に着手している。その後、2007年には楽天市場にインターネットショップとして、将人氏の配偶者の旧姓である「森水木」を冠した「森水木のラン屋さん」による**BtoC**[8]を開始する。そして、2011年には、洋ラン等の生花を乾燥させ、色鮮やかな状態でガラス内にアレンジするボトルフラワー（森のグランブーケ）を開発・販売するなどの先進的な取組みを実践している。これらの取組は、優良表彰やビジネスコンテストで数々の賞を受賞するなどの外部の評価を得ている。

2020年２月には、政友氏が会長となり、将人氏が代表取締役に就任している。

3）組織体制・部門

宮川洋蘭の組織体制は、**図３－５**の通りである。将人氏を中心として、洋蘭生産部、ネット販売部、**六次化**[9]商品部の３部で構成されている。各部門の概要は、次の通りである。

（1）洋蘭生産部

ギフト用の大輪胡蝶蘭を周年栽培しながら、ミディ・ミニ胡蝶蘭を母の日や敬老の日ギフト向けに生産を行っている。一般的な洋ラン生産者は胡蝶蘭などの単一品目を生産することが多いが、宮川洋蘭では、カトレア、オンシジューム、トゥインクル、デンドロビューム、バンダなど、洋ラン約300種を生産・管理している。

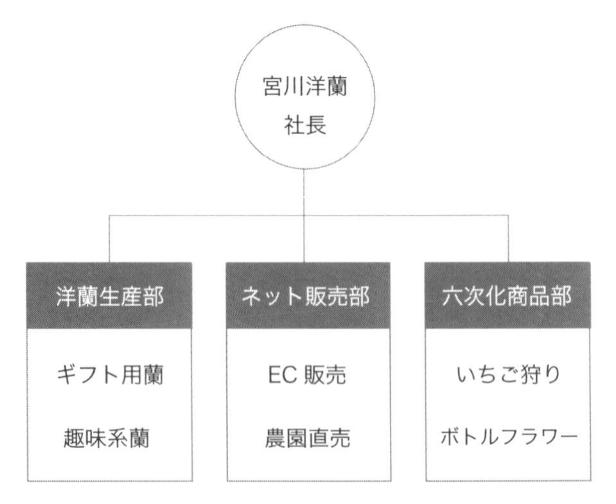

図３－５　宮川洋蘭の組織図（2024年７月現在）

出所：宮川洋蘭提供資料および筆者のヒアリング調査による

7)：アメリカ農業研修プログラムとは、アメリカの大規模農業経営や大学等に学びに行く研修制度である。国際農業者交流協会が主催しており、研修手当の支給なども行われている。他の国への研修を含めると70年以上の歴史と約15,000名が研修に参加している（国際農業者交流協会ホームーページ）。

8)：Business to Consumerの略語であり、企業が個人に対して商品・サービスを提供する取引を指している。「ビートゥーシー」、「ビーツーシー」と読まれる。一方で、企業が企業に向けて商品やサービスを提供する取引のことをB to B（Business to Business）という。

9)：６次産業化とは、「一次産業としての農林漁業と、二次産業としての製造業、三次産業としての小売業等の事業との総合的かつ一体的な推進を図り、地域資源を活用した新たな付加価値を生み出す取組」みのことである（農林水産省ホームページ）。

（2）ネット販売部

BtoC による、ネット販売の運営を担う部署であり、顧客対応や発送・梱包などの対応を担う部門である。生産者が開設するネットショップとして楽天市場の年間グランプリを初めて受賞するなど、宮川洋蘭の販売面の中核的部門となっている。

また、BtoC を行うことで、商品に対する顧客のニーズをダイレクトに把握し、発送や宣伝方法等の検討を行っている。

（3）六次化商品部

未利用の洋ランの活用や付加価値の高いプロダクトを作ることを目的とした商品開発や新事業の企画・運営等を行う部門である。ネットショップと同時並行で、**ボトルフラワー**[10)]「森のグランブーケ」の開発等も実施している。

また、これまで、接点が少ないファミリー層をターゲットとして、花の少ない冬と春に来園してもらういちご狩り事業を開始している。いちご狩り事業は、洋ランの栽培技術を生かして全国で珍しい鉢物による生産・栽培を行っており、ネット販売を通じて全国の消費者に「おうちでいちご狩り」の販売や移動式のいちご狩り体験を実施している。

写真３－２　配送時の梱包

出所：筆者撮影

注：包装紙に地元新聞を使し購入者に身近に熊本を身近に感じてもらえるよう工夫している

写真３－３　ボトルフラワー（一部）

出所：筆者撮影

写真３－４　いちご狩り

出所：筆者撮影

写真３－５　「おうちでいちご狩り」

出所：森水木のラン屋さん（楽天市場）ホームページ

10)：ボトルフラワーは、乾燥剤（シリカゲル）を使って生花を乾燥させたもので、時間をかけて乾燥させるよりも生花に近い色・姿を保ちやすい製造方法である（ヒィサリスフラワーホームページ）。

４）財務面・経営規模の推移

宮川洋蘭の財務面の推移は、**図３－６**の通りである。宮川洋蘭は、創業から2006年までは、主に市場出荷を行っていたが、2007年よりネット販売を開始している。ただし、後述するとおり、ネット販売も当初は売上高を拡大させることはできず、軌道に乗り始めたのは、2009年以降である。その後、ネット販売を主軸とした販売戦略により、売上高は2006年から２倍程度に拡大している。

また、この間、経営規模（栽培面積）は減少している。売上高を高めるためには、規模拡大等による販売数量を増加させるか、販売単価を引き上げる必要がある。宮川洋蘭では、経営規模を縮小させながらも、ネット販売による消費者への直接販売を行うことにより、市場で販売するよりも高単価での販売を実現している。

一般的に、ネット販売を行う場合、消費者の多様なニーズに対応するため、通常の市場出荷を軸とした経営と比べて多種多様な品種を生産する必要性がある。さらに、販売時の個別の配送・照会対応などの管理の負担が増えるというデメリットがあるとされる。宮川洋蘭では、こうしたデメリットに対しては、宅配業者との連携やネット販売部を中心とした顧客管理を徹底することで、適切に対応する組織体制が構築されている。

５）持続可能な洋ラン生産に向けた取組み

洋ランを始めとした施設園芸においては、施設内の温度等の環境制御を行うために、重油等の化石燃料が使用されることが多い。このため、政府としても**「みどりの食料システム戦略」**[11)]の実現に向けて、環境負荷低減に向けた取組みに力を入れ始めている。

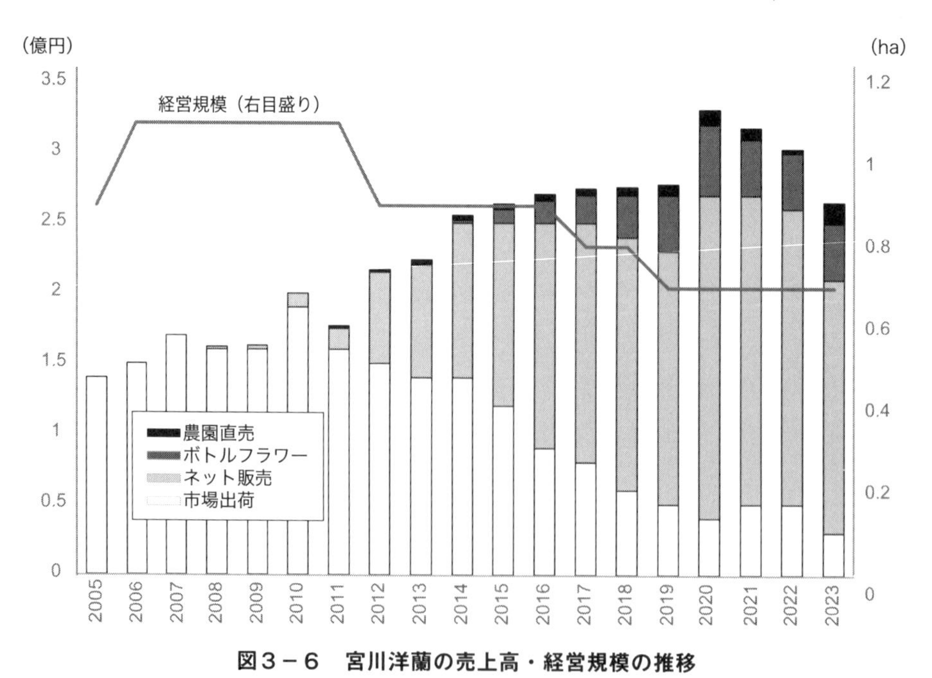

図３－６　宮川洋蘭の売上高・経営規模の推移

出所：宮川洋蘭提供資料および筆者のヒアリング調査による

11)：みどりの食料システム戦略とは、国内農林水産業の生産力強化や持続可能性の向上を目指し、2021年５月に農林水産省が策定した食料生産の方針のことである。有機農産物の生産拡大や農林水産業に伴う温室効果ガスの放出や、化石燃料由来の肥料の使用量を減らすといった環境負荷の低減策などの取組みを推進するものである（農林水産省ホームページ）。

そうした中、宮川洋蘭では、2009年に環境に配慮した**花生産者認証制度（MPS）**[12)]に参加するなど早くから環境負荷軽減に取り組んでいる。また、将人氏は、重油等の化石燃料が大量に使用されることに疑念を持ち2018年から、温度管理等に使用する設備について、重油を使用するボイラーから電気を使用するヒートポンプへと切り替えている。さらに、2020年には、自然エネルギーによって電力を供給しているハチドリ電気から電力を購入するなど、**SDGs**[13)]を意識したの取組みにも力を入れている。

写真３－６　竹製支柱とエコポット

出所：筆者撮影

また、一般的な洋ラン生産で使用される資材は、鉄製の支柱で鉢も陶器でできているものが多い。そうした中、宮川洋蘭で使用する資材は、竹製の支柱で、鉢もトウモロコシを使用したエコポットを使用して洋ラン生産を行っている。こうした自然由来の資材を使用していることで、施設園芸の資材の処理問題を解決する取組みとして、2022年には環境省のグリーンライフ認証（地球にやさしい商品）を受けている。

４．宮川洋蘭が実践するイノベーション―両利き経営理論[14)]による接近―

企業が経営を持続的に行うための最大の課題はイノベーションをいかに創出するかである。このイノベーションを創出するためには、自身･自社の既存の認知の範囲を超えて、遠く認知を広げていく「探索」と自信・自社の持つ一定分野の知を継続して深掘りし、磨きこんでいく「深化」という２つをバランスよく実施する「両利き経営」を実践することが求められる**（図３―７）**。

しかし、成熟した企業･産業は、業務の改善や効率化を追求する「深化」に偏っていく傾向にある。その背景としては、「深化」は目の前の改善を通じた取組みが可能であり、確実性が高いこと、企業としての信頼を得るためにも「深化」によって安定性･確実性を高めることが意識されるためである。特に成功した企業になればなるはど、「深化」に傾倒しやすく、長期的にみれば、イノベーションが起こらなくなる**サクセストラップ（成功の罠）**[15)]の状況に陥りやすいとされている。

一方で、「探索」は、不確実性が高く、その割にコストがかかるという欠点がある。このため、「探

12)：MPS（More Profitable Sustainabililty）とは、花きの生産業者と流通業者を対象とした、花き業界の総合的な認証システムのこと。花きの先進国オランダで環境負荷低減プログラムとしてスタートしており、2018年現在、世界45カ国以上、約3,200団体が認証を取得している。認証を取得するためには、環境負荷軽減の取組みや農薬履歴の記録などが義務付けられている（MPSジャパンホームページ）。

13)：SDG s（Sustainable Development Goals:「持続可能な開発目標」）とは、2015年９月の国連サミットで加盟国の全会一致で採択された「持続可能な開発のための2030アジェンダ」に記載された，2030年までに持続可能でよりよい世界を目指す国際目標のこと。17のゴール・169のターゲットから構成され，地球上の「誰一人取り残さない（leave no one behind）」ことを誓っている（外務省ホームページ）。

14)：両利き経営理論は、O'Reilly, C.AとTushman, M.Lが提唱した理論とされる。本章では、渡部訳書（2019）を参照している。

15)：サクセストラップとは、ある事業で成功した企業がその事業の改善に特化（深化）した結果、市場の急速な変化に対応できなくなる」という現象のこと。成熟した企業・産業においては、「深化」に偏る傾向が強いとされる。

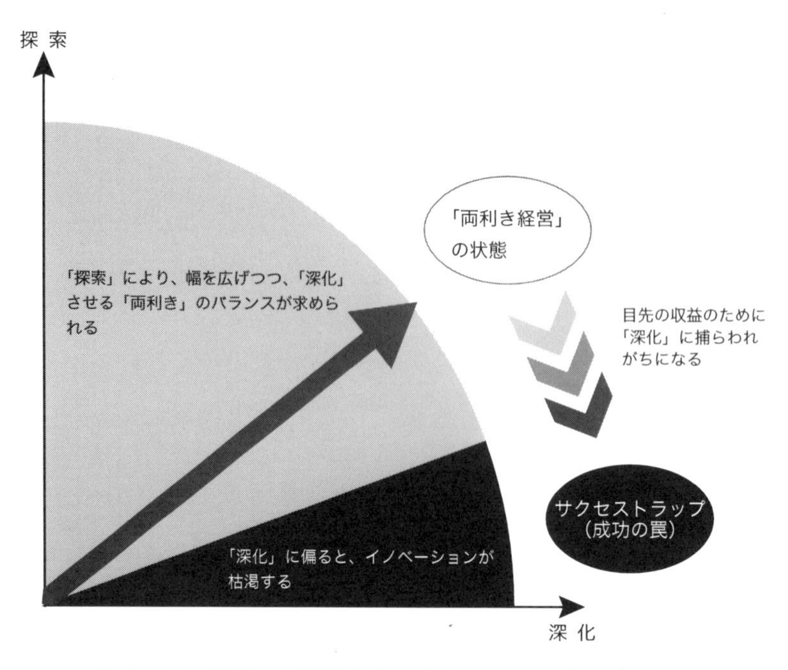

図3―7 「探索」・「深化」とサクセストラップの関係性

出所：入江（2019）より転載

索」によって、認知の範囲を広げ、新しいアイディアや得つつ、その中から成功しそうなものを見極めて、深掘り・磨きこむ「深化」を行うことが重要となる。

この「深化」はマネジメントという現状を維持・改善する能力、「探索」はリーダーシップという隅々まで見渡し、現状を不安定にさせることもあるが実験を行う能力が求められるとされる。このため、「両利き経営」の最大の課題は、リーダーシップを如何に発揮するかということになる。

本節では、両利き経営理論をベースとして、宮川洋蘭および将人氏が取り組んできた「探索」の取組みについて解説することとしたい。

1）宮川洋蘭・将人氏による「探索」実践のプロセス

(1) ネットショップの創成期（2007～2009年）

宮川洋蘭は、2007年より楽天市場で洋ランの販売を始めている。当時はネットショップにおいて、洋ラン生産者が消費者に直接販売するBtoCに取り組んでいる事例は少なく、画期的な取組みであった。ネットショップでの販売を開始したきっかけは、東京農大在学中に北海道の米生産者がネット販売を行って成功していた事例や米国の農業研修でレモンの苗木生産者がネットを通じた販売体制を構築していたことを見聞きしたことが影響している。また、Andy Matsui氏から、「成功の反対は失敗ではないぞ。反対は何もしないことだ。失敗すれば必ず何かを得るものだ。次への糧になる。」という考え方を学んだことが、洋ランのネットショップを開始する際の後押しとなったという。

また、消費者に直接販売するに当たって、意識したことは、消費者の手に届きやすい価格帯と配送の効率化である。一般的に洋ラン（胡蝶蘭）は、冠婚葬祭等のギフト商品として高価格で販売されることが多い商品とされる。また、宮川洋蘭（熊本）から首都圏等に配送する場合、消費者に届くまでに1週間程度の時間が掛かっていた。

こうした状況から、宮川洋蘭は、消費者に直接販売するに当たって、「手ごろな価格帯で翌日届ける」（送料込み1万円）という、**パーソナルギフト**[16)]としての洋ランという新たな商品を作り出すことに取り組んでいる。

しかし、ネットショップ開始当初は年間100万円程度の売上高しか上げることができずに、苦戦している。その理由として、将人氏は、ネット販売のノウハウ等も十分になく、当時流行っていた「おしゃれなカフェ」のような、実際の宮川洋蘭とは異なるイメージでの販売を行っていたためとしている。

（2）消費者とのコミュニケーションを意識したネット販売戦略の実践（2009～2014年）

当初ネットショップでの販売が苦戦する中、2009年に将人氏の長男が誕生する。将人氏は、その喜びをネット上に公開し、特別出産セールを実施したところ、月商が200万円に跳ね上がる。また、洋ランを生産する中での失敗談を包み隠さず、ホームページ等で情報発信することで、劇的に販売額が増加している。

これらの経験から、将人氏は、消費者とのコミュニケーションがネット上でのビジネスに厚みを持たすことになり、消費者に共感を呼ぶことにつながるものと認識している。このため、ネットショップには、無機質な情報ではなく、生産者の顔が見えるように、家族の話などを含めて情報発信を行い、より深い消費者とのコミュニケーションがとれる関係を構築することを意識していたことが、その後の売上高の拡大につながったものといえる。

これにより、2012年の母の日には、「母想い」という名を付けた洋ラン（デンドロビューム）を3,980円（送料込み）で販売したところ注文が殺到し、8日間（5月1～8日）で約5,000万円の売上高を達成するまで拡大している。

しかし、当時は、発注に対応するだけの組織体制・オペレーションが十分ではなく、母の日の郵送を遅らせるわけにはいかないことから、将人氏と配偶者である水木氏と徹夜続きで対応したという。この際、二重発送等のミスが発生したことや徹夜続きの激務の影響もあり、将人氏は心肺停止に陥り、AEDによる蘇生措置で生還する経験をしている。

こうした経験もあり、ただ稼ぐのではなく、「宮川洋蘭はなんのためにあるのか」を考え、「元気な花で笑顔を届けしたい！」という経営理念を明文化し、お客さんに喜ばれ、それを戸馳島に循環させ雇用を作り、地域の活性化につなげることを目指すことになる。

（3）更なる成長を目指した6次化商品の開発（2015年～）

洋ランによるネット販売が軌道にのると並行し、将人氏は、2011年よりボトルフラワーの製造に着手している。ボトルフラワーは、規格外の洋ランをドライ加工して、ガラスボトルに密閉保存することで、半永久的に美しさを楽しめる商品である。

ボトルフラワーの製造に着手したきっかけは、2011年に将人氏がオランダのホテルで見かけ、洋ランでもできないか調べたことが始まりである。その後、日本でボトルフラワーの製造方法を指導している専門家のもとで、水木氏と将人氏の実母が半年間学び、技術の習得を図っている。こうして技術面での課題を克服した後、2015年には、「ボトルフラワー　森のグラスブーケ」の制作施設を整備するなどの製造体制を構築している。

---

16)：パーソナルギフトとは、中元・歳暮・年賀などの旧来の贈答慣習に対して、成人式、バレンタインデー、結婚記念日など個人による贈り物行為のこと（流通用語辞典）。

当初、ボトルフラワーは、比較的閑散期である１～２月ごろに製造し、母の日に販売することを想定して製造する予定であった。また、花の展示会等への出展等を行い、販路拡大を目指してきた。しかし、周囲の生産者からは、ボトルフラワーという、花の美しさが日持ちのする商品を販売することによって、結果として、生花の販売に影響する**カニバリゼーション**[17)]が発生することへの懸念が多く寄せられた。また、ボトルフラワーの類似商品といえる**ブリザードフラワー**[18)]との価格面での競合が発生し、当初は想定よりも販売が伸びなかった。

このため、ボトルフラワーの販売チャネルを変更する必要があることを認識し、**フューネラルビジネス**[19)]フェアへの出展を行っている。その際に、ボトルフラワーが葬祭関係の業者から高い評価を得ることができ、販売量・額が拡大することになる。

また、洋ラン購入者が少ないファミリー層をターゲットとし、花の少ない冬～春に宮川洋蘭まで来園を促すいちご狩り農園を2023年より開始している。このいちごは、洋ランで培ってきた技術を応用し、１鉢ずつポットで生産している。これにより、病害虫等の蔓延を防ぐとともに、簡易に移動が可能となり、「出前いちご狩り」や消費者に「おうちでいちご狩り」として鉢をネット販売するなど、新たなマーケットが創出されている。

２）宮川洋蘭の両利き経営理論による考察

以上のように、宮川洋蘭は、既存の洋ラン生産を軸とし、その技術を有効活用しながら、新規事業として、ネットショップやボトルフラワー事業、いちご狩りなどの新たな事業を実践している。

これらの新規事業については、将人氏がリーダーシップを取りながら、取り組まれたものといえる。両利き経営理論において、「深化」はマネジメント、「探索」はリーダーシップが重要とされる。この意味では、将人氏が、リーダーシップを発揮し、「探索」を実践してきたことは、宮川洋蘭の経営成長には重要な点であったと考えられる。また、そうしたリーダーシップを発揮できた背景は、パイオニアとして洋ラン生産を開始した先代の政友氏やアメリカ留学等の際に世界的な洋ラン生産者等からの学びが大きく影響しているといえる。

宮川洋蘭は、三蔵氏（祖父）が花き生産を創業し、政友氏（父）が洋ラン生産を開始、法人化した後、将人氏が洋ランを基軸として経営の多角化を進めており、３代を跨いで事業を営んできた**ファミリービジネス**[20)]である。一般的にファミリービジネスは、事業の多角化に消極的であり、イノベーションが起こりにくいとされる（山田ら，2020）。これは、ファミリービジネスが、財務的な利益を追うのではなく、**社会情緒的資産**[21)]とされる非財務的な利益を追及するためである。

宮川洋蘭では、政友氏が洋ランの生産を開始し、軌道に乗ると地域で五蘭塾を立ち上げ、洋ランを地域の基幹的産業として定着させている。こうした地域との関係性では、将人氏のいちご狩りによる地域外の人を呼び込むことの意識や後述する鳥獣害対策への関わりへの参画といった自社の財務的な

---

17)：カニバリゼーション（Cannibalization）とは、自社の商品が自社の他の商品を侵食してしまう共食い現象のことを指している。

18)：ブリザードフラワーは、生花の一番美しい時期に色素を抜き取り、特殊な加工を施した製品。特別な染料を用いて作られるため、生花にはない豊富なカラーバリエーションがあることが特徴とされる（日比谷花壇ホームページ）。

19)：フューネラルビジネスとは、葬儀ビジネスのこと。

20)：ファミリービジネスとは、「株式公開企業であるか非公開企業であるかにかかわらず、一族が株式又は議決権の最大部分を握り、１人または複数の親族が経営の要職に就いている企業」とされる。このファミリービジネスは、ファミリーの生来的で断りがたい感情的なつながりが、ビジネスの側面に入り込んで複雑に絡み合うことによって、財務的価値の追求だけで説明できない独自の経営特性を持つと考えられている（山田ら，2020）。

21)：社会情緒的資産とは、「ファミリービジネスであるがゆえの情緒的な資産（affective endowments）」のことである（山田ら，2020）。

利益のみを追求する取組を行っていない点からも符号する。

こうした点からも、宮川洋蘭は、利益追求よりも長期的な存続を優先し、代々受け継がれる経営理念に基づき、洋ラン生産の技術革新を積極的に行い、これによって市場での差別化を実現している。この革新的な取組みは、絶えず変化する外部環境への対応策としても機能していると言える。

５．おわりに―地域に根差した企業としての更なる展開―

宮川洋蘭は、常に「探索」を行い、革新的な取組みによるイノベーションを実現してきた。戸馳島という小さな島においた始まった洋ラン栽培が地域の主要な農産物となるまで拡大し、地域に与えたインパクトの大きさも特筆される。この経営の基軸となる洋ラン生産においては、花き需要の低迷という外部環境が悪化する中で、パーソナルギフトとして新たな需要を創造し、他社では容易に真似できない独自性を確立したと言える。このような状況の中で､地域に根差した企業としての宮川洋蘭は、これまで以上に地域と共に成長を図ることが重要であると考えられる。

なお、将人氏は、2016年に地域の鳥獣害対策を担う組織の立ち上げに関与した。洋ラン生産はハウス等の施設内での作業が多いため、宮川洋蘭としての鳥獣被害はほとんど受けていないが、鳥獣被害を放置すれば、地域の農業者の離農につながり、集落の崩壊にもつながる可能性がある。このような危機感を持った将人氏は、地域の若手農業者（25～40歳）を中心に約130人で組織された「くまもと☆農家ハンター」を友人と共に立ち上げた。その後、2019年には捕獲したイノシシ等のジビエ処理加工施設を整備するために、株式会社イノＰを設立し、捕獲したイノシシの有効活用に力を注いでいる。この取組みは、鳥獣害対策の優良事例として多くの地域で評価され、第49回日本農業賞の受賞や情熱大陸等のマスメディアで取り上げられるなど、高い評価を受けている。

このような地域の利益に資する行動や取組みは、長期的に自社の競争優位を築き、自社ブランドの構築に貢献するものである。宮川洋蘭は、既存の洋ラン部門の「深化」を図りつつ、新たな「探索」にも取り組むことで、今後も継続していくことが期待される。

【参考資料】

東京農大経営者フォーラム 2023　東京農大経営者大賞記念講演
有限会社宮川洋蘭代表取締役　宮川将人氏

初めまして熊本から来ました宮川将人といいます。将人という名前はですね、将来、人の役に立つような人間になってほしいという両親の気持ちからつけてもらった名前です。私も３代目の花農家の跡継ぎをしています。

今回、東京農大経営者大賞をいただくにあたって感慨深いものがあります。それは、私が大学３年生の時に、経営者大賞の第１回が開催されました。私も皆さんと同じように学生の立場で、聴講させていただきました。その中で一番印象深かったのが、熊本出身の田辺先輩のお話でした。メロンを作る農業者でありながら、本当に生き生きと、そして地域と繋がる農業を実践されている姿に、農大のソウルを感じたような気がしました。

私は、農業高校を卒業後、東京農大に入学しました。卒業後、国際農業者交流協会（JAEC）を通じてアメリカに２年、オランダでも勉強させていただきました。東京農大では、全国から農家の後継者たちが集まっていろんな交流を通じて見識が広がっていきました。東京でこんなに見識が広がったんなら世界に出たらもっとすごいと考え、学生時代には下北沢の花屋さんでアルバイトをして、そのお金を使って夏春旅に出ました。忘れないのが１年生のときのインドです。世界、地球の歩き方も知らない無知な状態でインドに１人で行きました。結果としては、ぼったくられるは、ガンジス川で財布・パスポートを盗られたこともありました。こうした１人、バックパッカーというスタイルの中で得たものは、自分を知って、そして、どんな人に出会ったか、いろんな失敗もしますけどもそれは全て自分の責任であること。これが旅で得た学びです。

３年生になると花き園芸学研究室に所属し、樋口春三先生から多くのことを学びました。樋口先生が卒業する際にかけてくださった言葉が、「人間大好き、植物大好き、そして研究大好き」でした。研究室などでは、切磋琢磨しながら花について語り合った仲間が今でも繋がっていることはすごく恵まれている、一生の財産だと思っています。

2004年に就農してから気づいたことは、「ありがとう」が聞こえなかったことです。皆さんやっぱり何かして、「ありがとう」って言われたいのですよね。アメリカで勉強させてもらった際に言われた言葉がありました。「成功の反対は失敗じゃない、何もしないことなのだ」です。失敗はみんな恐れるけれども、踏み出さないと学ぶことができません。

そこで私は３つのチャレンジをしてきました。

１つは、27歳の時に引退する先輩が「君にこの苗を託したい」とお話をされた時に、「この花を作って母の日に届けます」と言って引き取りました。周囲の生産者などからは、洋ランを「母の日に咲かせられない」、「売れるのはカーネーションに決まっている」といわれました。でも私は果敢にチャレンジを続けました。しかし、結果は２年半かけて大失敗しました。初めて給料の支払いを遅らせるという大失敗です。

２つ目のチャレンジは、ボトルフラワーです。オランダに研修に行った際に出会ったのがボトルフラワーです。乾燥技術によって５～10年は見た目が変わらない状態で、ガラスの中で咲き続けます。オランダで見つけて、２～３年かけて開発しました。洋ランは、規格外の花がたくさん出てしまうのですが、その花を利用することが目的です。なかなか売れなかったですし、作るのも難しかった。自分でビジネスコンテスト等のプレゼン大会に出て、九州のチャンピオンになるなど、評価を得ることができました。

そして３つ目のチャレンジは、ネット販売です。きっかけは、1999年当時、みんながGoogleも知らない時代に、先輩農業者からパソコンやインターネットの可能性について教えてもらったことです。今では、パソコンを使うのは当たり前ですが、それを使って情報発信をしていければ、田舎から世界で戦えるような時代が来るんだっていうことを知りました。教えてくれた農業者は、北海道からお米を日本中に届けているような方です。

ネット販売は、「宮川洋蘭のWebショップ」ではなく、「森水木のラン屋さん」という名称にしました。理由は、妻の旧姓だったからです。「森水木」が本当美しいなと思ったので、それをどうしても残したいと思って使用しました。ただ、ネット販売を始めて、２年間は、赤字の垂れ流しになってしまいました。私は、「ありがとう」が聞こえる農業をやりたいと思ったから、ネット販売を始めたので寝なくても大丈夫でした。たまに入るレビューが嬉しかったからです。

転機は、2年後に長男が誕生した時です。長男誕生の嬉しさから妻の写真とともにメルマガを出しました。そうしたら、月10万円もなかったネット販売の売上が200万円になりました。それまで散々うまくいかないことを繰り返してきたので、有頂天になった。やっと時代が追いついてきたと思ってしまいました。でもそれはすごく大きな間違いでした。

この時、理念がなかったんです。34歳イケイケどんどんの時です。結果的に母の日のお届けで大きな失敗をしてしまって、「ありがとう」どころか、「ごめんなさい」っていうのを3週間続けました。お客様と直接繋がる農業の嬉しさは知っていましたけども怖さっていうのを初めて体験しました。その対応が終わった後に、倒れてしまいました。この時、何のために仕事をやっているのだろう、何のために俺は生きているのだろうなっていうのを思いました。

以降、今日が最後の1日だったなっていうことを真剣に思えるようなりました。そして、何のために自分だけのためではなくて人のために何ができるかっていう、もう本当に70歳、80歳になってたどり着くような悟りの境地に私は34歳で入れました。

仕事も家族も大切。でも、私は地域という軸があることに気づきました。そこで、経営理念として、「元気な花で笑顔をお届けしたい！」、「地域の活性化に貢献する」ということを明文化しました。そう思ってですね、善悪の物差しだけで、判断を最優先できるような経営者を目指してずっとやってきました。そうしたら、楽天市場で年間グランプリを農家として初めて受賞しました。

さらには「日本でいちばん大切にしたい会社」大賞をいただきました。今までいろんな賞をいただいたかもしれませんけども、一番、厳しかったのは、この東京農大経営者大賞です。それは、決算書まで全部出して、現地審査まであって、自己紹介文が全部出さなきゃいけないからです。他は結構推薦とか、そういうので決まったりすることが多いのですが、厳しい審査の中でこの賞をいただけたってすごく誇りに思っています。

コロナの際には、胡蝶蘭を無償で医療機関の皆さんに手配りしました。熊本の25病院に持って行きました。入院中、面会もできなくなっている時にすごく喜んでくださいました。そしたら、意図せずいろんなとこで広がって紹介されて、結果的に8年ぶりに楽天市場の中で総合ランキング1位になりました。気づけば、2,990円だった洋ランが4,180円で販売できています。これが付加価値です。ブランド力を少しずつ高めてくれたのだと思っています。

こんな良い時こそ、次の一手を踏み出さなければいけない。私の師匠のAndy Matsuiさんは世界一のバラ生産をしている時に、南米の輸入バラが入り始め、これは将来がないと思って、65歳で洋ランに切り替えたような人です。私は環境問題に対して先手を打たなければいけないと思って順次自然電力に変え、そして鉄の支柱を竹に変えたり、陶器の鉢を再生可能な素材に変えたりしました。

また、父が戸馳島で洋ラン生産を開始して、50周年を機に、新しく始めたことがあります。島にもっと人を呼び込みたい。特に冬は寂しい。また洋ランを買っている人はシニアです。僕らがもっと呼び込みたいのは子育て世代です。そこで今年の1月にオープンしたのが、イチゴ狩り園です。当社のイチゴ狩りは、日本で唯一の特徴があります。それは、全て鉢で生産していることです。つまり、戸馳島から外に鉢ごと飛ばすことができます。

狙いは家庭園芸の広がりです。コロナ禍でみんながベランダで植物を育てるようなものが一気にマーケットが広がりました。そこで僕らは動かせるイチゴの鉢を作りました。

もう1つは、一般的なイチゴ狩りの来園者は健康な人が多いことです。でも、鉢栽培なら、イチゴ園まで来られなくても、イチゴ狩りをお届けすることができます。これによって、体の不自由な人、子供たちやお年寄りに届けることができます。例えば介護施設の駐車場等のスペースがあれば、イチゴ狩り園をオープンして、体験してもらうことができます。私はやっぱりレッドオーシャンで戦うよりもブルーオーシャンの競合が少ない・いない中で戦いたいと考えています。

「2024年100人の雇用するんだ、そして10億円の売上と1億円の利益を出す」ということを明文化しました。ただ、2016年に私はイノPと出会ってしまってですね、ちょっとそっちに没頭してしまったため、達成が遅れそうです。けれども、この目標を掲げ続けたいと思っています。夢はですね天皇賞です。地域みんなで村作りっていうタイトルを取って、パレードもやって、毎年お祭りしていきたいなと思っています。私の名刺には、自分のやりたいことが書いてあります。理由は、一期一会だからです。その時にどれだけ自分の思いを伝えるかにかけています。

2016年からは、鳥獣害対策にも取り組んでいます。私は施設園芸なのでイノシシは正直見たことなかったです。きっかけは、農家のおばちゃんが農業を辞めたいという話を聞いたことです。理由を聞いたら、デコポンなどを生産しても鳥獣害で食べられてしまい、自分じゃ何もできない。もう絶望の状態で農業を辞めたいと聞いた時です。

農家の生活を自分たちは関係ないって人が世の中には多すぎると感じています。でも年に1回しか取れないような手のかかる農産物って、中山間地域で生産されている。その人たちが一番困っているのは鳥獣被害だから、私は見ているだけではなくて、自分たちで手を動かして汗をかいて、何とかしないといけないと感じました。

これは学生の皆さんに伝えたいです。自分の損得なくやってきた活動が、自分のところに返ってきています。誰かの役に立っていれば後から必ず戻ってくるのです。皆さんはこれから国際社会を生きていく中ではですね、今からでも遅くないと思います。僕らがやりたいのは、農家による地方創生です。売れるだけではなくて、人口が減ったからこそですね、できることがあるのだと思っています。今年6月に移住してきてくれた人は、なんと私の大学生時代の名刺を持っていました。みんな名刺作った方がいいね。下北沢でアルバイトした時の上司です。100店舗の社長までされていました。その人が61歳で退職して、横浜から移住してきてくれました。

最後になりますが、僕らの活動は、決して大きくはないですけれども、地域課題の解決に繋がっていって、そのときのやっぱりベースになる気持ちとしてはですね、Think Globally, Act Locallyだと思っています。視座をしっかり高めるように、学生生活しっかり勉強して、Think Globallyの意識を高めてほしいなと思います。

最後のメッセージです。大学生だからこそ、伸びしろのある農業分野でのIT活用をもっともっとやりましょう。そして、世界に飛び出して世界を知りましょう。YouTubeが世界じゃないです。バッグ一つ持って飛び出しましょう。そして、同級生、先輩、そして社会人のこういう皆さんとですね、積極的に絡めるような人間大好き人間になってほしいなと思います。どんなときも明るく楽しく元気よく頑張っていきたいと思います。ありがとうございました。

【参考文献・ウェブページ】

［1］入江章栄（2019）「なぜ「両利きの経営」が何より重要か」渡部典子訳『両利きの経営－「二兎を追う戦略」が未来を切り拓く－』東洋経済新報社（原著：O'Reilly, C.A and Tushman, M.L

(2016)『LEAD AND DISRUPT: How to Solve the Innovation's Dilemma』by the Board of Trustees of the Leland, Standard Junior University)、pp.1-18.

［2］内山智裕・佐藤和憲・井形雅代（2024）「洋らんを基軸とした戦略的農業経営の実践－有限会社座間洋らんセンターの経営成長過程－」井形雅代・Saville Ramadhona 編著『実践・アグリビジネス 1―顧客の喜びと笑顔を創造するユニーク経営―』東京農業大学出版会、pp.37-53.

［3］国産花き生産流通強化推進協議会（2023）「花の消費選好 2023 年報告書」https://www.researchgate.net/publication/374912700_huanoxiaofeixuanhao_2023nian_FlowerConsumption_Japan_2023jiuhuanoxiaofeidongxianghoujidiaozha

［3］中小企業診断協会徳島支部（2007）「徳島県における花き農家の現状と課題報告書」https://www.j-smeca.jp/attach/kenkyu/shibu/H18/h_tokushima.pdf（最終閲覧日：2024 年 5 月 11 日）.

［4］日本政策金融公庫（2019）「宮川将人さん　ネット通販で洋ラン販売売上高の 70％占める」『AFC フォーラム』1 月号、pp.27-29.

［5］日本洋蘭農業協同組合ホームページ https://www.joga.or.jp/（最終閲覧日：2024 年 6 月 7 日）.

［6］農林水産省（2023）「花きの現状について」https://www.maff.go.jp/j/seisan/kaki/flower/attach/pdf/index-48.pdf（最終閲覧日：2024 年 2 月 20 日）.

［7］農林水産省「令和 2 年度花き産業成長・花き文化振興調査委託事業報告書」https://www.maff.go.jp/j/seisan/kaki/flower/kakiitakuhoukoku.html（閲覧日：2024 年 2 月 20 日）.

［8］山田幸三・山本聡・落合康裕「ファミリービジネスと社会情緒的資産理論の視点」山田幸三編著（2020）『ファミリーアントレプレナーシップ』中央経済社、pp.1-30.

索　引［専門用語・キーワード解説］

【あ】

【お】

【か】

【き】

【け】

【こ】

【さ】

【し】

【す】

【た】

【て】

【の】

【は】

【ふ】

【へ】

【ほ】

【み】

【も】

【り】

【ろ】

【わ】

【B】

【I】

【S】

執筆者紹介［五十音順、＊印は編者代表］

＊**井形雅代**（いがた・まさよ）
東京農業大学国際食料情報学部 アグリビジネス学科 准教授
専門領域：農業経営学、農業会計学
［主要著書．論文等（2014 年以降）］
『バイオビジネス・12』（2014）、『バイオビジネス・13』（2015）、『バイオビジネス・14』（2016）、以上、家の光協会、共著
『バイオビジネス・16』（2018）、『バイオビジネス・17』（2019）、『バイオビジネス・18』（2020）、以上、世音社、共著
『バイオビジネス・19』（2022）、清水書院、共著
『バイオビジネス・20』（2023）、『実践・アグリビジネス 1』（2024）、以上、農大出版会、共著
「周年型施設花き栽培の導入効果と定着条件－福島県でのトルコギキョウ＋カンパニュラ栽培を事例として－」『農業経営研究』56(2)（2018）、共著
「原発事故後の福島県産農産物の購買行動の変化と規定要因ー消費者アンケートに基づく分析ー」『食農と環境』30（2022）、共著

犬田剛（いぬた・たけし）
東京農業大学国際食料情報学部 アグリビジネス学科 助教
専門領域：農業経営学、農業金融論
［主要著書．論文等（2014 年以降）］
『実践・アグリビジネス 1』（2024）、農大出版会、共著
『農業法人の M&A―事業継承と経営成長の手法として』（2024）、筑波書房、共著
「農業法人における経営理念とパーパス―経営理念の機能と生産品目に着目して―」『経営教育研究』第 27 巻第 1・2 号（2024）
「農業法人の M&A に対する意識の変化と支援組織に求める役割」『農業経営研究』第 62 巻第 3 号（2024）、共著
「地方銀行における農業金融参入の実態と要因の解明」『ゆうちょ資産研究』第 31 巻（2024）

＊**内山智裕**（うちやま・ともひろ）
東京農業大学国際食料情報学部 アグリビジネス学科 教授
専門領域：農業経営学
［主要著書．論文等（2014 年以降）］
『バイオビジネス・14』（2016）家の光協会、共著
『バイオビジネス・15』（2017）、『バイオビジネス・16』（2018）、以上、世音社、共著
『実践・アグリビジネス 1』（2024）、農大出版会、共著
『穀物・油糧種子バリューチェーンの構造と日本の食料安全保障：2020 年代の様相』（2023）、農林統計出版、共著
『日本の食料安全保障と国際環境－国・企業・消費者の視点から－』（2024）、筑波書房、共著
「日系商社による穀物調達行動の実態と課題」『フードシステム研究』第 30 巻第 3 号（2023）
「フィンランドの農業事情と普及」『農業普及研究』第 28 巻 1 号（2023）

木原高治（きはら・こうじ）
東京農業大学国際食料情報学部 アグリビジネス学科 教授
専門領域：企業法、企業論、醸造経営論
［主要著書．論文等（2014年以降）］
『バイオビジネス・13』（2015）、『バイオビジネス・14』（2016）、以上、家の光協会、共著
『バイオビジネス・15』（2017）、世音社、共著
『バイオビジネス・19』（2022）、清水書院、共著
『実践・アグリビジネス 1』（2024）、農大出版会、共著
『小規模株式会社と協同組合の法規制』（2004）、青山社、単著
『リーマンショック後の企業経営と経営学』（2012）、千倉書房、共著
『アジアのコーポレート・ガバナンス改革』（2014）、白桃書房、共著

金東律（きむ・どんゆる）
東京農業大学国際食料情報学部 アグリビジネス学科 助教
専門領域：農産物マーケティング・農業経営学
［主要著書．論文等（2014年以降）］
『デジタル・ゲノム革命時代の農業イノベーション』（2022）、農林統計出版、共著
The Co-Design/Co-Development and Evaluation of an Online Frailty Check Application for Older Adults: Participatory Action Research with Older Adults.International Journal of Environmental Research and Public Health 20(12)（2023）、共著
Exploring information uses for the successful implementation of farm management information system: A case study on a paddy rice farm enterprise in Japan. Smart Agricultural Technology 3（2023）、共著
「水田経営の情報化が組織内の作業調整に与える影響－農業経営情報システムの導入事例における継続的調査より－」『農業経営研究』第60巻第3号（2022）、共著

下口ニナ（しもぐち・にな）
東京農業大学国際食料情報学部 アグリビジネス学科 准教授
専門領域：農業経営学・アジア農業論
［主要著書．論文等（2014年以降）］
『バイオビジネス・14』（2016）、家の光協会、共著
『バイオビジネス・16』（2018）、世音社、共著
『バイオビジネス・19』（2022）、清水書院、共著
『バイオビジネス・20』（2023）、農大出版会、共著
Impact of organic agriculture information sharing on main actors in Laguna, Philippines. J.ISSAS 27(2) (2021), 共著
Adaptation strategies to changing environment by an organic farm in Laguna, Philippines. IJERD 7(2) (2016), 共著
Impact of farm-based learning practices on young farmers: Case from an organic farm in Ogawa Town, Saitama Prefecture, Japan. J.ISSAAS 21(2) (2015), 共著

寺野梨香（てらの・りか）
東京農業大学国際食料情報学部 アグリビジネス学科 准教授
専門領域：農業経営学
［主要著書 . 論文等（2014 年以降）］
『フードシステム』（2021）、筑波書房、共著
『バイオビジネス・19』（2022）、清水書院、共著
「わが国のムスリムフレンドリー観光による地域振興―地方圏での３事例をもとに―」『農村生活研究』65(5) (2022), 共著
Agricultural Support for New Farmers in H City, Tokyo,Japan. IJERD 14(2) (2023), 共著
Exploring Muslim Consumers'Acceptance of Cultured Beef Meat. AGRARIS9(1) (2023), 共著

半杭真一（はんぐい・しんいち）
東京農業大学国際食料情報学部 アグリビジネス学科 教授
専門領域：農産物マーケティング、消費者行動研究
［主要著書 . 論文等（2014 年以降）］
『バイオビジネス・15』（2017）、『バイオビジネス・17』（2019）、『バイオビジネス・18』（2020）、以上、世音社、共編著
『バイオビジネス・19』（2022）、清水書院、共著
『バイオビジネス・20』（2023）、農大出版会、共著
『イチゴ新品種のブランド化とマーケティング・リサーチ』（2018）、青山社、単著

山田崇裕（やまだ・たかひろ）
東京農業大学国際食料情報学部 アグリビジネス学科 准教授
専門領域：農業経営学、農村コミュニティビジネス論、都市農業論
［主要著書 . 論文等（2014 年以降）］
『バイオビジネス・12』（2014）、『バイオビジネス・13』（2015）、『バイオビジネス・14』（2016）、以上、家の光協会、共著
『バイオビジネス・16』（2018）、『バイオビジネス・17』（2019）、『バイオビジネス・18』（2020）、以上、世音社、共著
『実践・アグリビジネス 1』（2024）、農大出版会、共著
『農業協同組合の組織・事業とその展開方向－多様化する農業経営への対応－』（2023）、筑波書房、共著
『都市農業の持続可能性』（2023）、日本経済評論社、共著
「韓国の学校給食における親環境農産物の供給体制－全羅南道順天市を事例に－」『農業経営研究』第 62 号第 2 巻（2024）、共著

東京農業大学 国際食料情報学部 アグリビジネス学科

1998年に設置された生物企業情報学科を母体とし、2002年の大学院国際バイオビジネス学専攻の設置にともない、2005年4月から国際バイオビジネス学科に名称変更、さらに2023年4月にアグリビジネス学科に名称変更。

教育目的は、農業生産、食品の加工・流通、販売の専門家を育成することにある。そのため、「経営組織」「経営管理」「経営情報」「マーケティング」「経営戦略」の5研究室を設置し、学生の将来目標にあわせた教育カリキュラムを用意している。また、大学院生を中心に継続的に留学生を受け入れるとともに、海外での実地研修など、アグリビジネスの国際化に対応できる人材の育成を目指している。さらに、1年次から少人数によるゼミナール教育を実施し、3年次、4年次にはアグリビジネスの現場における応用的なフィールドワークを実施するなど、新時代に対応した特色ある教育システムを実践している。

連絡先：〒156 - 8502 東京都世田谷区桜丘1-1-1

TEL：03-5477-2918（国際食料情報学部事務室） FAX：03-5477-2669

実践・アグリビジネス2（通巻22号） —強靭で開放的なファミリービジネスの発展—

2024年11月20日 第1版発行

編著者——東京農業大学国際食料情報学部アグリビジネス学科

編集代表 内山智裕・井形雅代

発行所——一般社団法人東京農業大学出版会

代表理事 江口 文陽

〒156-8502 東京都世田谷区桜丘1－1－1

TEL：03-5477-2666 FAX：03-5477-2747

印刷・製本——株式会社ピー・アンド・アイ

落丁本・乱丁本はお取替えいたします。定価は表紙に表示してあります。

@Department of International Agribusiness Studies
Tokyo University of Agriculture 2024 Printed in Japan

ISBN978-4-88694-546-4 C3061